實戰智庫

遠流出版公司

實戰智庫・企業名人堂⑥

堅忍——推銷之王奧城良治奮鬥史

作　　者——郭　泰
封面設計——唐壽南
編　　輯——曹　堤
主　　編——林麗雪
副 總 編——吳家恆
財經企管叢書總編輯——吳程遠
策　　劃——李仁芳博士
發 行 人——王榮文
出版發行——遠流出版事業股份有限公司
臺北市100南昌路二段81號6樓
郵撥／0189456-1
電話／2392-6899　傳真／2392-6658
著作權顧問——蕭雄淋律師
法律顧問——王秀哲律師・董安丹律師
排　　版——鴻柏印刷事業股份有限公司
2007年12月1日　初版一刷
行政院新聞局局版臺業字第1295號
新台幣售價200元（缺頁或破損的書，請寄回更換）

ISBN　978-957-32-6194-0

YLib 遠流博識網
http://www.ylib.com　E-mail: ylib@ylib.com
http://www.ylib.com /ymba　E-mail: ymba@ylib.com

企業名人堂
Business Hall of Fame

6

堅忍

推銷之王奧城良治奮鬥史

郭泰◎著

《實戰智庫》

出版緣起

王榮文

今後將是個「智慧豐富的時代」。在今後的社會，大量使用智慧的生活形態將備受推崇，含有許多「智慧價值」的商品將大爲暢銷。……下一個社會，將是「受智慧價值支配的社會」。

一九八六年，日本觀念界的重量級領導人物堺屋太一，用這樣的一段話來描述他預識的未來世界：今日看來，洞見趨勢之能著實驚人。就在同一年，遠流出版公司推出《實戰智慧叢書》，以「提供實戰經驗，啓發經營智慧」爲基本精神，適時的呼應了堺屋氏智慧價值社會的概念。

一路走來十餘年，從《實戰智慧》累積的叢書種類可以得見，我們希望盡所能讓關心各種商業議題的閱讀者滿足的企圖心；不論販夫走卒，管他名商巨賈，在這個領域中，每個人都能找到他增知長智的出版品。從時代的趨勢和閱讀者的接受度看來，我們是走對了方向。

如今「智慧豐富的時代」已從未來變成現在，這個社會也工式走入「受智慧價值支配的社會」；面對日益紛雜、繁浩無涯的商業領域，身處慢人一步、滿盤皆輸的競爭環境，可不可能有一種相對快速的方式，讓企業人更能有效率的吸收商業養份？身爲知識與智慧的產銷經營者，我們從這個提問中找到一項重要而迫切的使命：進一步思考歸納知識、整理智慧的適切方法。

《實戰智庫》的推出，正是呼應這樣的需求：一方面，我們承繼《實戰智慧叢書》的出版精神，強調實用，重視智慧；另方面，我們分門別類，凝聚焦點，以明確的主題爲軸，規劃出一個個小系列，每一種主題，都以成爲讀者的「個人專業智庫」（Personal Professional Think Tank）爲目標。

或者可以這樣比擬：**《實戰智庫》**是一個類商學院的思考操作模式，在這個「大眾商學院」中，我們擘畫出一個又一個「熱門科系」，它可以是新穎到以「電子商務」這樣的類塊爲重心，也可以用「工作技能」這種行之有年的類別做爲主軸；在務實致用的前提下，貼合時潮，與時俱進，每個科系各自發展出旗幟鮮明的讀物，大開「增你智」的方便之門。

針對各個焦點集中的重要領域，我們專注的深耕精耘，希望據此描繪出一張相對清晰的商業出版品地圖，讀者按圖索驥，可以更快速、更準確的搜尋到自己想要的。

人是企業最重要的資產，智慧是人最重要的資本；要累積資本，要擴大資產，**《實戰智庫》**是絕對值得的投資。

編輯報告

都說這是個沒有英雄的時代，偏偏有人就是不信邪。《企業名人堂Hall of Fame》，就是要找出一個又一個的商業英雄。

在《實戰智庫》的系列中，《企業名人堂》算得上最實用取向最淡薄的一個類塊。企圖在這個系列中尋得「現學即用」的讀者，恐怕會失望——所有的人物傳記，從來沒有「實用」上的考量；《企業名人堂》也不例外，即使有管理絕招、行銷秘技，也都摻雜在書中人物的起伏跌宕中。

話說回來，如果我們放寬「實用」的視界，這個系列似乎又妙用無窮。正如張潮《幽夢影》所言：「少年讀書，如隙中窺月；中年讀書，如庭中望月；老年讀書，如台上玩月。皆以閱歷之深淺，爲所得之深淺耳。」不同心境、不同年齡、不同脾性的讀者，都可以在這些不凡人物的境遇中找到自己想要的：也許只是閱讀的樂趣，也許是成功的法則，也許是典範的追尋，也許是怡情的故事；更可能的是，你一讀數得。

可讀性，因此成爲入選《企業名人堂》的必要條件之一，每一本作品，精采的程度都不下於膾炙人口的小說：勵志，當然也是書中必備的營養成份，這些人物之所以能稱英道雄，是因爲他們令人感動、進而思齊的作爲；最通俗的作用是，此中的名人，多少可以解解我們英雄崇拜的渴望。

回歸到商業層面，對企業人而言，入選《企業名人堂》的作品，每一本都可以做爲你的生涯教科書。有人畢生以推銷爲業，世人竟以「推銷之神」稱之；有人白手起家，執業界牛耳數十年，而贏得「經營之神」的美譽；大師也好，教父也罷，重要的不是這些華麗耀眼的表象形容，而是那些有血有肉、卻又超凡越俗的活生生的人。商人的典型，才是我們師法的焦點所在；商人的價值，才是我們追索的首要命題。做爲一位上進的企業人，他們，正是你應該時時垂詢、刻刻探問「智庫」。

《企業名人堂》刻意在英雄消失的時代尋找英雄，因爲我們相信，站在這些商業巨人的肩膀上，我們攀得更高、看得更遠、做得更好、想得更深。

專文推薦

「拒絕是推銷的開始」

花光信

三十幾年的壽險生涯，看盡多少推銷員的浮沉，發覺能在推銷界發光發亮的「星光幫」，並不是我們所想像那些口齒伶俐、個性活潑的人，而是那些具有堅忍意志人格特質的人。只有這樣的人才能忍受冷酷無情的拒絕，才不會遇到挫折就沮喪憂傷。如果你跟績優推銷員在一起，你會發覺他們並沒有什麼通天本領，唯一不同的是，他們比別人能忍受更多的屈辱及失敗。

推銷有句名言：「拒絕是推銷的開始。」所以，推銷遭受拒絕是必然的，究其緣故，主要是購買商品要付錢，而付錢是痛苦的，此外，人有自我防禦排斥的心理，及對商品的不了解，皆是我們初次拜訪時遭受拒絕最大的緣由。老練的推銷員對上述這些拒絕認爲是假拒絕，不予理會，繼續不斷拜訪及說明商品，直至締結契約爲止，而菜鳥推銷員對客戶的拒絕視爲尊嚴受損，沒有面子，患有「訪問恐懼症」，不敢再繼續拜訪，因此很快就陣亡了。

連續榮獲日本日產汽車十六年冠軍推銷員奧城良治對拒絕處理的態度，有獨特的訣竅，頗值得我們效法參考。他抱持三個法則，一是挨打哲學，二是青蛙法則，三是因果法則，所以才能保持高昂的鬥志，把自己逼入極限，每日拜訪一百家的目標。

「態度決定一切」，幾乎每位頂尖的推銷員都具有積極的心態，強烈的企圖心，凡事都追求第一，不達目標絕不輕言放棄。不過，要培養積極的心態並不易，不是心想要積極就積極得起來，它和人的個性與習慣息息相關，而個性及習慣是後天長期培養，非一蹴可幾的。要培養積極的心態，首先一定要「勉強」自己，心中並時時「暗示」自己一定要突破目標，一定有辦法解決困難，久而久之，個性及習慣就會無形地蛻變，變得積極起來。

僅憑堅忍的意志要成功會非常辛苦，正如馬車齒輪缺少潤滑油，雖然能行走，但走起來會發出軋軋的聲響。有時心想：推銷要成功一定要這麼艱苦嗎？難道沒有其他更舒適的方法嗎？思慮結果，只有「順人性推銷法」一途最合適。那麼，什麼是「人性」呢？簡言之，你喜愛的別人也會喜愛，你討厭的別人也會討厭，例如，人性最喜愛別人讚美、重視、誠信、聆聽、儀表等，那你就去迎合客戶的喜愛；而人性討厭別人欺騙、爭辯、批評、滔滔不絕等，那你就去避免，這樣就可收事半功倍之效。推銷有句名言：「推銷產品之前先推銷自己。」一般人推銷之所以失敗，很多都是犯了推銷禁忌，這些禁忌是忤逆人性，做出讓客戶討厭的行爲，而多數推銷員卻犯了禁忌而不自知。所以，推銷員平日要對「推銷自己」下功夫，時時惕勵自己的修爲、人品。

在今天這個知識爆炸的時代裡，知識就是力量，因此平日要多充實專業知識，鑽研推銷技巧，及向高手學習，才能應付這瞬息萬變的時代，滿足客戶的需求。作者列舉了奧城良治如何在有限時間充實自己專業知識的實例，並列舉了世界許多知名推銷家的作法供參考。

坊間推銷書籍充斥，大抵可分爲兩類，一是傳記式，一是說教式，若要學習推銷要領僅執其一，會失之偏頗。據美國推銷協會調查，完整的推銷訓練必需涵蓋KASH，「K」（Knowledge）代表知識，「A」（Attitude）代表態度，「S」（Skill）代表技巧，「H」（Habbit）代表習慣，今作者把這四者揉合在一起，貫穿在整本書裡，尤其對推銷人員最感困擾的拒絕著墨甚多，可以說是一本最完備的推銷之書，故樂之爲序。

花光信
國泰人壽前中區展業部協理
國內名推銷訓練專家

自序：奧城良治的三個法寶

雖然奧城良治在日本的汽車業是公認的頭號推銷人物，然而起頭卻相當艱難。

♪ ♪ ♪

他在二十四歲那一年（一九五五年），進入五十鈴汽車公司，嘗試推銷工作。一年之後，因爲每天遭受無數的冷漠與拒絕，精神上受到嚴重的打擊，而且因爲業績不佳，入不敷出，生活陷入絕境，整個人消沉得想要自殺。

所幸，奧城良治因爲美國詩人貝里曼（John Berryman, 1914-1972）的一首詩，從自殺邊緣活了過來（請參閱本書第一章），轉入日產汽車，重新出發，並立下每天拜訪一百家公司的宏願，沒想到因此而改變了一生。

他在進入日產汽車的第十八天，也就是完成了一千八百次拜訪之後，得到第一份訂單，而後每個月平均賣出八部車。六個月之後，每個月平均賣出十部車；一年之後，每個月平均賣出十五部車；三年後，每個月平均賣出二十部車，名列日產汽車季軍；第五年之後，每月平均賣出三十部車，榮登全公司的冠軍寶座。而後連續保持十六年冠軍，成爲全日本汽車界的推銷之王。

♪ ♪ ♪

奧城良治爲何能在死亡邊緣絕處逢生，並締造傲人的業績，他憑恃的是從無數的挫折中領悟出來的三個法寶。

第一個法寶是挨打哲學。

所謂挨打哲學是指：要成爲一個出色拳擊手的第一課，不是學會打人，而是要學會挨揍，要禁得起打。一個耐得住對方打的拳擊手，才會有機會擊倒對方。

奧城良治認爲，這一套挨打哲學不但適用在拳擊手，也適用在推銷員身上。推銷員的挨打是指：每天在訪問中不斷遭受的無情對待、冷酷拒絕以及殘忍的挫敗。

他以前總認爲，頂尖的推銷高手必能巧妙地應付準客戶的拒絕，隨即展開凌厲的攻勢，輕易取下訂單。錯了！成功推銷員光鮮亮麗的背後，隱藏了無數的辛酸與挫敗。任何拔尖的推銷員，必定也是受屈辱與挫折最多的人。

奧城良治把挨打哲學變成他推銷過程的信念之後，發現自己較能接受挫折，也較能愈挫愈奮。

♪ ♪ ♪

第二個法寶是青蛙法則。

所謂青蛙法則是指：以青蛙爲師，學會面對拒絕。

有一次，奧城良治到鄉間訪問一家工廠老闆，受了一肚子氣被拒絕後走出工廠，一時尿急，不便再回工廠借廁所，就在鄉下田埂邊方便了事。

這時，他發現有一隻青蛙就在他腳邊，於是他故意把尿撒在青蛙頭上，原以爲青蛙會被嚇走，沒想到牠非但沒走開，而且眼皮也沒閉上，張著雙眼瞪著他，就像在享受一次突如其來的免費溫水淋浴。

這一幕給奧城良治重大的啓示。

他自言自語道：「青蛙視羞辱爲淋浴。如果我那泡尿就像是準客戶的拒絕，推銷員就得像那隻青蛙。再多的拒絕，再惡劣的羞辱，也要像青蛙的反應一樣，逆來順受，視若無睹。」

這就是奧城良治在田埂撒尿時，無意中體悟出來面對拒絕最有用的青蛙法則。

♪ ♬ ♪

第三個法寶是因果法則。

根據奧城良治的長期觀察，每一種行業的推銷都有其成功或然率。以推銷汽車爲例，大多在訪問一百家左右，就有一家願意購買，其成功或然率爲百分之一。換言之，訪問連續遭遇九十九次的拒絕之後，就會出現一個訂單。

只要先有前面九十九次拒絕的「因」，必定會產生後面一個訂單的「果」，這就是他經過觀察體會出來的「因果法則」。

人類的內心反應是非常奇妙的。奧城良治在尚未體會出「因果法則」之前，對準客戶的拒絕感到痛苦不堪，甚至難過得想要自殺，然而在以

「因果法則」心理建設之後，不但對拒絕能逆來順受，進而甘之如飴，最後竟然充滿感激。

此話怎講呢？因爲他堅信只要拜訪了九十九位準客戶，第一百位就是客戶了。因此，他覺得不但要感謝第一百位的買主，更應該感謝先前沒買的九十九位，因爲如果沒有前面九十九位的拒絕，哪來第一百位的買主呢？

♪　♪　♪

奧城良治把上述這些精彩的奮鬥過程都寫在《超一流セールスマンの秘密》（超級推銷員的秘密）與《超一流セールスマンの秘密第二彈》（超級推銷員的秘密第二集）兩書之中。

筆者以上述兩本書中精彩故事爲藍本，把資料打散之後，以第三人稱用小說體的方式重寫成《堅忍》一書。我希望自己所做的「重寫」近似於哈佛大學李維特教授（Theodore Levitt, 1925-2006）所說的「創造性模仿」（Creative Imitation），透過對原作的打散、重組以及改寫之後，產生另一個創新的作品。

本書是我推銷三部曲的最後一部，假如您曾經被拙作《鼓舞——推銷之神原一平奮鬥史》、《霸氣——推銷之魂尾上忠史奮鬥史》感動過的話，一定也會被本書所感動。

郭泰

二〇〇七年九月廿五日中秋節

於西溫山上

目錄

堅忍・推銷之王奧城良治奮鬥史

堅忍

第一章

鬼門關前走一回

這一天，奧城良治（簡稱奧城）決定用一包毒藥和一條繩子結束他二十四歲的生命。

一九五六年七月二十五日黃昏，他帶了一包氰酸加里、一條童子軍繩以及一台電晶體收音機，來到東京近郊的青梅山。

他的想法很簡單：找一個山明水秀的溪水旁，先在樹上栓好繩子，打開收音機，然後吞服氰酸加里，套上吊繩，在美妙的音樂中結束淒慘的一生。

奧城知道氰酸加里是劇毒，吃下去必死無疑；他也知道，只要繩子或樹枝不斷，上吊的死亡率是百分之百。服毒加上吊，他眞的很想去死。

夕陽西下，鳥兒歸巢，夜幕低垂，萬籟俱寂。奧城在山中徘徊了一兩個小時，依然找不到適合自殺的地點，他覺得腿有點痠，坐在小徑旁石頭上，望著滿天的繁星，想起自己兩年多來的種種遭遇。

踏上推銷路

二十一歲那一年，他看到一本財經雜誌的報導：日本全國中小企業董事長的平均年薪為兩百三十二萬日幣（一九五三年幣值），這些董事長都是奮鬥三、四十年，年齡到了五、六十歲，才有此等級的收入。而能力強的推銷員，雖然只有二十四、五歲，但年收入達兩百五十萬或三百萬日幣者，比比皆是。

對一心想要賺錢的奧城而言，這是天大的好消息。另外他還發現，推銷工作有下列好處：

1.入行門檻低，不需要經驗，沒學歷限制。

2.不用有一技之長。

3.不需要投資一毛錢。

推銷工作的類別很多，有賣保險，有賣房子，有賣百科全書……不一而足，最後奧城選擇賣汽車，理由則有三：

1.他認爲汽車是未來最有發展潛力的行業。
2.當時推銷汽車完全採取抽佣金的制度，即賣得愈多，收入愈高，很符合奧城的口味。
3.當汽車推銷員可接觸到各行各業有成就的頂尖人物，這是一項極爲寶貴的經驗。

♪ ♪ ♪

當時，雖然也有親友勸他多加考慮，畢竟抽佣金太沒保障——沒業績就沒收入，生活太不安定，但奧城一句也聽不進去，執意要投入這個行業，因爲「白手致富」對他的吸引力實在太大了。

打定主意後，奧城即告別家人，束裝北上東京。在火車上，他豪情萬丈地起誓：「我一定要在推銷汽車的領域中，闖出一番大事業。」

抵達東京後，立即求見幾家汽車公司的業務主管。

「請問想要成爲貴公司的汽車推銷員，有什麼條件？」

幾家公司的主管都說：「條件是沒有，可是汽車推銷員是採抽佣制的，因此頭一年大都沒有什麼收入，你必須先籌措這一年的生活費，否則都是空談。」

「頭一年零收入」這件事並沒有嚇倒奧城，他早就知道這行業是採取抽佣制，問題是這一年的生活費要從何而來呢？

他盤算著：「一個月的生活費最少五萬日幣，一年就要六十萬日幣。好！我先去推銷報紙賺足六十萬日幣，再去實現想成爲汽車推銷員的夢想。」

♪ ♪ ♪

後來，奧城到《讀賣新聞》推銷了一年零兩個月的報紙，籌足六十萬日幣，順利進入五十鈴汽車公司，成爲夢寐以求的汽車推銷員。

公司指派他推銷 **Hillman**，這是一種休閒車，售價在日幣一百二十萬至一百四十萬之間，因售價較高，潛在的客戶僅限於少數的藝人、明星球員以及企業老闆。

不過，理想與現實之間總有一段距離。奧城進入五十鈴的第三個月，二十個推銷員之中有十二人離職，只剩下八人，淘汰率高達六成；過了一年，八人又刷下五人，僅剩三人，而奧城則是三人中的第三名。

一年來，即使奧城位居季軍，但成交數量太少，佣金有限，每個月都嚴重透支。眼看存款一天天減少，他急得像熱鍋上的螞蟻，每天滿腦子想著如何爭取到訂單，但業績仍毫無起色，他逐漸墜入絕望的深淵。

「糟了！六十萬日幣生活費所剩無幾，這要如何是好呢？」

擔心六十萬存款花光之後走頭無路，這只是奧城想自殺的第一個原因。

坎坷身世

他想自殺的第二個原因，與他十年來飢寒交迫的家庭環境有關。

奧城的父親原本在中國東北經營一家頗具規模的啤酒與汽水罐頭製造工廠，並擔任同業公會理事長，財源滾滾，春風得意。奧城就是在這個顯赫富裕的家庭出生的，長年受眾多奴僕的呵護，從未吃過一丁點的苦。

然而好景不長，這種優渥的環境，隨著一九四五年日本戰敗投降而化爲泡沫。父親被迫放棄東北的工廠，且被遣送回日本。而戰後的日本，百業凋敝，經濟蕭條，糧食極度匱乏，奧城一家的生活彷彿從天堂掉進地獄般。

失業在家的父親爲了塡飽肚皮，只好帶一家人到荒山去開墾。父親每天從清晨五點起床工作一直到晚上十點，一家人勉強溫飽。但是，父親因操勞過度與長期營養不良，先後生了三場大病，從東北帶回的一些積蓄很快就花光了。

爲了支付昂貴的醫藥費，家中値錢的東西都變賣一空，父親躺在病床上呻吟道：「錢啊！到那裡去找錢醫我的病呀！」

不久，父親就含恨病死。但是，奧城一家的災難並沒結束，因父親病故，一家八口的生活重擔就落在十六歲的大哥和十四歲、排行第二的奧城身上。

♪　♬　♪

從十四歲到二十三歲的十年間，奧城與大哥爲了養活一家人，送報、擦皮鞋、叫賣口香糖、打零工，甚至撿破爛，只要有錢賺就去做。然而食之者眾，生之者寡，兩兄弟再怎麼努力掙錢，全家人還是有一餐沒一餐的，飢寒交迫度過慘澹的十年。

奧城就是因爲十多年來飽受貧窮的折磨，所以才立志投入汽車推銷員的行業，希望能衝出高業績，賺大筆的錢來改善全家人的生活。

不過事與願違，在五十鈴幹滿了一年，夙興夜寐，不敢稍有懈怠，業績做不出來什麼都是空的。他的理想破滅了，鬥志被磨光了，信心也徹底崩潰了，他覺得沒臉回去見母親，只能毀滅自己，一了百了。

春冰薄，人情更薄

奧城想自殺的第三個原因，也是最重要的原因，是無法再忍受都市人冷酷的拒絕與無情的摧殘。

他每天遭受的冷酷拒絕不只是一兩次，常常是一家挨著一家、一棟接著一棟的被拒絕，有時一天會遭受一百多次的連續拒絕。

以下是奧城碰到的一些真實情況：

「您好！」奧城進走一家西服店。

「歡迎光臨，請進。」有個西裝筆挺的年輕人滿臉笑容地迎接他。

「打擾了，我是五十鈴汽車的奧城……」

對方一聽是汽車推銷員，馬上拉長了臉，態度一百八十度大轉變說：

「原來是賣汽車的，不需要，不需要。」

「請問您是少東嗎？」奧城見對方不友善，耐住性子，連忙找話題，設法打開僵局。

「我是店員，老闆不在。」對方冷冷答道。

說著說著，這個店員突然灑水掃起地來，還故意把水灑在奧城身旁，把奧城的鞋子與褲管都濺溼了。他想到店員與他年紀相仿，竟敢如此無禮相待，推銷員究竟是什麼樣的職業呢？

奧城瞪了店員一眼，默默地走出店外，重新打起精神走入隔壁的和服店。

這一家裝璜氣派，布置高雅，櫃台內收銀機旁坐著一位戴金邊眼鏡的中年婦人，氣質不凡，一看就知道是店東。

奧城有點被這家店的氣勢震懾住，他懷著忐忑的心情輕聲說道：「您早！我是五十鈴汽車的奧城……」

婦人立刻舉起手，制止奧城的談話：「好了！」

「請問……」奧城再開口。

「夠了。」

「關於車子……」

「好了！」

不管奧城說什麼，婦人就是用「好了」與「夠了」這兩句話堵住他的嘴巴。這是奧城碰過拒絕推銷員最有效的方法。

像這種乾脆的拒絕方式，還算好的。有一個對推銷員不理不睬、連正眼都不瞧一下的料理店老闆，很令奧城感到難堪。

奧城走進料理店，看到老闆露出職業性的笑容，正在切著生魚片招呼客人，他立刻擠出笑臉說：「老闆，您好！我是五十鈴汽車推銷員，今天特地爲您介紹Hillman，您一定沒聽過吧！」

老闆既沒抬頭也沒任何反應。奧城以爲他重聽，於是再說一次。老闆也不搭腔，只把頭轉到另一邊，奧城以爲他脖子有毛病，於是繞到側邊跟他說話，沒想到他又把頭轉回來。原來他脖子沒毛病，只是懶得跟推銷員說話。

奧城感到全身燥熱，雙頰泛紅，心口隱隱作痛，步履闌珊地走出料理店。

「我招誰惹誰了，爲什麼平白無故要受這種侮辱呢？」

「推銷到底是一種什麼樣的職業，爲什麼如此受人欺負與輕視呢？」

「這種到處惹人厭的工作，我看連掃廁所的都不如。」

♪　♪　♪

奧城說的一點都沒錯，推銷員在日本的社會是沒有地位的。

日本《產經新聞》曾經刊載職業分類的排名，排在最前面的是首相，下面依次爲：大學校長、作家、醫師、教授等，最下等的是擦皮鞋者。至於推銷員，則排在擦皮鞋的上一級。換言之，推銷員在日本社會的排名爲倒數第二。

其實，無論是乾脆的拒絕，或是不予理睬的冷漠拒絕，都還能忍受。最令奧城無地自容的是當場遭呵斥轟出來。

「課長先生，您好！我是五十鈴汽車的奧城，向您……」

「混蛋！你知道今天早上來了幾個推銷員了？弄得我什麼事都辦不成，煩死了人，走開！走開！」

「……」

「小子！沒聽清楚嗎？這是接待客人之處，不是推銷員該來的地方。快走吧！好狗不擋路，你聽到了沒有。」

奧城就這樣被轟出來。當著許多年輕女職員的面，像野狗一樣被趕出來，對年輕單身的他來說，是可忍，孰不可忍？

「我又做了什麼虧心事，爲什麼要忍受這種恥辱呢？」

「被當成狗噢！一點做人最起碼的尊嚴都沒有，這種工作還能繼續幹下去嗎？」

♪　♪　♪

奧城跑得愈勤快，遭受的冷酷拒絕愈多；拜訪的家數愈多，面對的無情打擊愈慘烈。

最令他痛心難忘的是，幾天前在品川區武藏山那個熱鬧的市街，他連續拜訪幾十家商店，沒有一個人對他說句鼓勵或溫暖的話。

奧城想起中國古人有句話：「世間有兩薄，春冰薄，人情更薄。」

他身穿一套破舊西裝，開了口的皮鞋，拎著一個公事包，拖著疲憊的身子，在大街上踽踽而行。進入五十鈴汽車一年來一事無成，每天承受的，除了拒絕就是打擊，原本沮喪的心情轉爲怨恨。

「蒼天啊！你有沒有絲毫的慈悲心。我實在受夠了，我要詛咒生命，我要詛咒拜訪客戶。」

於是，當奧城嘴巴說：「您好」時，心裡想說的卻是：「去他媽的，一定又是一個要打擊我的人。」

相由心生，內心詛咒，必露凶相。對方看了，就更加會堅定地拒絕他。

別人的拒絕更加深他的詛咒。一切就如此惡性循環著。

某家商店店門前正好有一面鏡子。奧城不經意地攬鏡自照，大吃一驚，心想：「多麼醜陋的一張臉啊！誰要向你這張醜臉買車，去死吧！」

他心力交瘁，終於走向絕路。

♪　♪　♪

奧城決心要自殺之後，一直找不到理想的場所，被茂密的枝葉羈絆，寸步難行，潺潺流水聲縈繞耳邊，魑魅魍魎不見一個。他在青梅山沉思了一晚。

「唉！要越過生死這一關還眞不容易啊！」他喃喃自語道。

不知不覺中天空逐漸泛白，枝葉的空隙中出現微微的亮光，山巒陵線隱約可見，鳥兒吱吱喳喳開始嶄新的一天。

奧城掬取清澈的溪水，啜了一口，茫茫然躺在草叢上，耳邊彷彿聽到父親的聲音：「良治，你不能死啊！就這樣死去的話，家中的弟妹誰來養活呢？」

他突然想起美國詩人貝里曼因其父親舉槍自盡而寫下的沉痛詩句：

「發發慈悲吧！我的父親，
不要扣下板機。
否則，
我要用一生來承受你的憤怒，
並處理你自戕所引發的一切。」

「我自殺死掉，弟妹們要用一生來承受我的憤怒，這對他們太不公平了。」

「死有重如泰山，有輕如鴻毛。如此自我了斷，過去的辛苦與努力都成泡影，爲了家人我應該捲土重來，再試一次。」

「良治！再試一次吧！」

每個推銷員的靈魂裡，都有一個儒夫、一個英雄。許多推銷員都是因爲對家庭的責任感，使他們從儒夫變成了英雄。

奧城也是一樣，爲了家人，終於湧現出新的決心與勇氣，並感到死神已飄然而去。

不知何時，太陽已悄悄地升起，四周大放光明。

堅忍

第二章 向高手學習

奧城在青梅山從鬼門關前繞了一圈回來，深刻反省一年來的所作所爲，發現自恃年輕，體力充沛，只知道一味地蠻幹，換言之，只知用體力而不知用腦力，才會導致業績低落，難過得想自殺，他痛定思痛，決心要改弦易轍。

♪ ♪ ♪

當他重整旗鼓，準備好好再奮戰之際，突然聽到五十鈴汽車宣布：公司的 **Hillman** 部門被專門銷售外國車的八洲汽車所購併。說來好笑，正當這些推銷員爲了業績不振而痛苦萬分之際，公司方面也因爲虧損累累而傷透腦筋。

就公司而言，把一個虧損累累的部門割讓出去，與其他公司合併，當然無可厚非，甚至可說是明智之舉。可是，對正想重新奮力出擊的奧城而言，這是深感懊惱與沮喪的事，總覺得有一種被賣掉的感覺，很不舒服。

就在這時候，同事告訴他，東京日產汽車公司正在招募推銷員，他逮到好機會趕緊前去應徵，結果在四十名取一名的比例之下，奧城幸運地被錄取，正式成爲日產汽車營業部的一員。

當時的東京日產汽車組織龐大，有兩千五百多位員工，八百多位推銷員，每月平均銷售兩千四百輛汽車，業績爲業界之冠。

他被分發到大田營業所任職，這裡有推銷員四十六名，責任區包括大田區的七十萬人與品川區的四十萬人，總共達一百一十萬人。

奧城想要改弦易轍，用腦力取代體力的想法，是ＩＢＭ的創始人湯馬斯・華生（Thomas J. Watson, 1874-1956）給他的重大啓示。

♪　♪　♪

華生在創辦ＩＢＭ之前，曾在ＮＣＲ（國際收銀機公司）當過多年的推銷工作。他在一八九五年進入ＮＣＲ當推銷員，從公司的「推銷手冊」

中學到許多推銷技巧，但理論與實務總有一段距離，所以他的業績很不理想。

華生的同事告訴他，推銷不需要特別的才幹，只要懂得用腳走路，用口去說就行了，華生照做了，但還是到處碰壁，業績很差。

後來，他從困厄中慢慢體會出，推銷除了靠腳與嘴巴之外，還得用腦想辦法。想通了這一點後，他的業績大增。三年後，他成爲NCR業績最高的推銷員。

有關華生的這段經驗，奧城是從華生的傳記中讀到的。讀到這一段時，他興奮不已；「他的遭遇正是我的遭遇，他用腳與嘴巴勤奮地推銷，卻四處碰壁，不正是我活生生的寫照嗎？」

華生用腦力，想出了什麼銷售良策使其業績大增，自傳中沒寫。但奧城用腦力，想出向各行各業的高手學習推銷技巧的方法後，業績就逐漸改善了。

只有蠢蛋才僅從自己的經驗中獲取智慧與教訓，聰明的人懂得借鏡別人的經驗，學習旁人的智慧。奧城很早就察覺到要成爲成功的推銷員，光憑一己之力必定事倍功半，一定要向有經驗的推銷高手多多學習，但總是放不下身段，在吃足苦頭之後，才頓悟這是一條成功的捷徑。

♪ ♪ ♪

話雖這麼說，向高手學習談何容易，奧城誠心誠意地想學習，可是別人未必肯傳授。通常推銷高手都有其不爲人知的秘訣，本來就不想讓別人知道，怎麼會公開地傳授給奧城呢！

奧城當然不死心，在公司裡當面請教無效之後，就帶水果到對方家裡拜訪，水果無效改送洋酒，洋酒無效改送對方太太愛吃的名貴點心，如此三番兩次，鍥而不捨，逐漸用誠摯的態度感動對方。不過，獲得的秘訣仍然非常有限。

奧城知道秘訣是對方吃飯的傢伙，絕不可能傾囊相授。後來他想出了一個方法，不勉強他們說出推銷的秘訣，只要求他們帶他伴同推銷，也就是他們在推銷時，同意他在一旁觀摩。這麼一來，對方都比較願意答應。

學習櫻井的微笑

當時，在大田營業所裡，最令奧城注意的是櫻井。三十來歲，方頭大耳，中等身高，體型胖胖的、體重有八十多公斤的櫻井，臉上永遠掛著親切的笑容，說起話來不急不徐，乍看之下很像一尊彌勒佛。

他是大田營業所有史以來業績紀錄的保持者，每個月平均可銷售十部汽車，而當時全日本汽車推銷員每月平均銷售量不過才二點八部。

奧城到營業所報到後不久，就多次以晚輩身分向櫻井求教推銷技巧，但都不得其門而入，即使多次到他府上請求賜教也不得要領。後來，奧城退而求其次，請他同意伴同推銷，他也沒有立即答應。奧城心想：「我想世上任何人都一樣，沒有人會輕易把辛苦累積起來的成功經驗告訴別人吧！」

♪ ♪ ♪

日本有句俗話說：「山不來找我，那我就主動去找山。」

有一天，奧城想到一個霸王硬上弓的計策，他知道每天早上同仁開完業務會報之後，櫻井都會開車經過公司門前的一個十字路口，有時候他的車會因等待綠燈而稍作停頓，奧城決定要掌握這個時刻。

奧城藉故先離開會議室，跑到十字路口旁的電線桿處守候，幾分鐘後，櫻井果然開車到來。奧城一個箭步衝到櫻井的車旁，用力敲打車窗，並叫道：「櫻井先生！有重要的事，請開門。」

「出了什麼事？」櫻井搖下車窗詫異地問道。

奧城迅速打開車門，鑽進車內，坐在櫻井旁邊，誠惶誠恐地解釋說：

「眞對不起，櫻井前輩，除了這麼做實在別無他法，就是好幾次拜託您的事，麻煩您帶我一起去推銷吧！」

「眞是拿你沒轍，既然你已經進來了，那就一起走吧！」櫻井雖然有點不悅，但還是被奧城的執著所感動，最後勉強同意。

♪ ♪ ♪

接下來的一星期，奧城有幸成爲櫻井的跟班，仔細推敲前輩的推銷秘訣。有趣的是，假如奧城沒有之前一年的挫敗經驗的話，跟隨在櫻井身邊大概也學不到什麼東西，就是因爲有豐富的慘敗經驗，看到櫻井的言行舉止，才能立刻心領神會。

首先是櫻井的EQ，他說話慢條斯理，行事不慍不火。最難得的是，遇到再不講理的客戶、在任何情況下，他都不會動怒（奧城聽同事說，沒有人見過他生氣）。每當碰到客戶的投訴報怨，櫻井會立刻縮起八十幾公斤的龐大身軀，露出惶恐的神情，像個天眞認錯的小孩，以謙恭的態度化解對方的不悅。哪像奧城遇到拒絕或挫折就輕易動怒生氣、自怨自艾，導致情況不可收拾！從櫻井身上，奧城深刻體會到，要成爲頂尖的推銷高手，高EQ是必備的人格特質。

再來，就是櫻井的微笑——他那如中了百萬美元獎券般的迷人微笑。櫻井不但在公司裡和藹可親，笑口常開，即使業績年年第一也從不擺架子，仍舊親切待人。出外拜訪客戶時，更展現他微笑的魅力，有時和客戶的員工們閒話家常，就像一家人一般；有時又會和客戶的年輕部屬彼此戲謔，笑成一團。更難得的是，他經常製造機會，自嘲自己肥胖的身材，引起客戶的爆笑。

♪　♪　♪

因爲櫻井的關係，奧城以後每遇到各行各業優異的推銷員，必定先觀察他們的笑容。有趣的是，他發現每一位的臉上都可以找到相同迷人的微笑。後來，奧城閱讀推銷之神原一平、汽車推銷王喬・吉拉德（Joe Girard，請參閱遠流出版的《我的名字叫Money》一書）以及保險泰斗法蘭克・貝格（Frank Bettger, 1888-1981）等人的傳記，他們都非常重視微笑，也都擁有一張價值百萬美元的笑容。

於是，奧城在家中四處掛著鏡子，每天對著鏡子練習微笑，如果不滿意就重新再來，若是滿意就立刻記下臉部肌肉的感覺，奧城就是用這種方法，久而久之，也練成一張價值百萬美元的微笑面容。

學習鈴木的無形推銷術

什麼是「無形推銷術」？就是一種絕口不提推銷卻能達成推銷目的的迂迴戰術。

這件事要從兩年多前奧城推銷報紙籌措生活費說起。

♪ ♪ ♪

那時候他爲了籌足一年六十萬日幣的生活費，到全日本銷售量第一的《讀賣新聞》去推銷報紙。他們的方式是以二十人組成一隊，進行挨家挨戶直衝式的訪問推銷，當時最厲害的前三名分別是多魔隊、掃蕩隊、無敵隊。爲了早日賺到生活費，並且趁此良機學習推銷功夫，奧城請求加入多魔隊。

這個冠軍隊比他想像中要厲害得多。一般的報紙推銷員平均一天能取得十份訂單就相當不錯了，可是，多魔隊的隊員一天拿到三十份訂單乃是稀鬆平常的事。奧城盯上了業績最好的鈴木前輩，請鈴木帶他一起推銷，起初鈴木一口回絕，經過奧城多次懇求才勉強答應。這次他見習到一種讓對方感受不到被推銷的推銷術，奧城稱之爲無形推銷術。

♪ ♪ ♪

一般人在推銷報紙大都用半強迫的方式，不是糾纏不清、賴著不走，就是藉口賺取學費，博取同情。因此，家庭主婦聽到有人敲門推銷報紙，都會用「已經訂閱」加以拒絕。

然而，多魔隊的鈴木先生溫文儒雅，待人客客氣氣，絲毫不給對方壓力，他的推銷方式大致如下：

如果鈴木一開始就說：「我是《讀賣新聞》的推銷員，請問府上訂閱的是什麼報紙？」這樣立刻洩了底，會被對方知道你是來推銷報紙的，隨即產生防禦抗拒心理，並以「我已經訂閱《讀賣新聞》」一口回絕（即使訂閱其他報紙，也會故意這麼說）。

因此，鈴木認為一見面就要讓對方說出眞話，一旦確認對方沒有訂閱

《讀賣新聞》才是你的準客戶。

通常鈴木的開場白爲：「太太，您早（或您好），請問您訂閱的是《朝日新聞》吧！」

假如對方回答「是」，就可以確認對方沒訂《讀賣新聞》，而如果回答「不是」的話，也可以再繼續追問下去。總之，這種開場白就是要對方說出眞話，並從中確認是訂報的準客戶。

如果感覺別人是在推銷，對方的直覺反應一定是拒絕，鈴木接著就會說：「太太，我今天不是來推銷報紙，而是來做宣傳的，請放心。」

原本擺妥架勢準備下逐客令的主婦，聽到「不是來推銷報紙」，通常不由自主地一愣。

鈴木緊接著說：「我是爲了報紙創刊紀念日特地做宣傳而來的，我把廣告單留在這裡，有空的話請您看一看，不訂閱也沒關係，打攪了，再見。」

說完話，退後一步，轉身告辭。

♪ ♪ ♪

本來想要拒絕的主婦，不但愣在那兒半晌沒出聲，反而默默接受了一張廣告單。

當鈴木走到門口時，又會很有禮貌地向主婦鞠躬，然後裝作突然想起什麼事，隨後脫口說：「啊！對了，太太，非常感謝您。我無論走到哪裡都遭到無禮嚴厲的拒絕，而您卻沒說任何一句拒絕的話，令我感到非常溫暖，託您的福，我想今天一定是我的幸運日。爲了感謝您的禮遇，我送一本《讀賣新聞週刊》給您，但並不要求您訂閱報紙，以後有機會什麼時候訂閱都可以，那時候就非常謝謝您了。」

請注意，鈴木的話語，已經從「不訂閱也沒關係」進步到「以後有機會什麼時候訂閱都可以」。然後他也許會說：

「啊！太太，這位可愛的小女孩一定是令嬡，我也很喜歡小孩，這樣吧！我給您三張兒童樂園的入場券，這個星期天，你們夫妻就帶著小妹妹一起去遊玩，小妹妹一定會很高興的，至於報紙兩三年內若承蒙您訂閱，就感激不盡了。」

♪　♪　♪

這次從「什麼時候訂閱」進展到「兩三年內訂閱」，自然而不牽強。另外又送周刊與入場券，加上態度彬彬有禮，這時主婦們通常開始對鈴木產生好感，臉上敵意消失，開始出現笑容。

鈴木就打鐵趁熱，接著說：「太太，您先生一定愛看棒球賽，我這裡剛好有三張巨人對中日的招待券，敬請闔第去觀賞。關於訂閱報紙的事，別放在心上，隨時都可以，要是今年能捧場一份的話，那就太好了。」

終於從「兩三年內訂閱」進展到「今年捧場一份」。

「太太，您讓我感到今天工作非常順利，看起來會招到不少的訂戶，爲了答謝您，再送上兩塊香皀與一條毛巾，不論洗手或沖澡隨時都可以派上用場。訂報的事請您多幫忙，我走了，再見。」

當鈴木轉身要離去時，似乎又想起什麼，於是開口說：「太太，您今年一定會訂一份，對吧！下個月就開始如何?或是下下個月也可以呀！您一定會滿意的，謝謝您，再會。」

鈴木就在這種以退爲進，來來回回的迂迴戰術中，配合報社所贈送的禮品，每天在談笑間取得四十份的訂戶。

其實這套無形推銷術不光是用在推銷報紙，只要是直衝掃街式推銷，不論是汽車或保險，還是百科全書或縫紉機，都非常好用。

向山崎學習百折不撓

就這樣，奧城主動向各行各業的推銷高手討教推銷技巧，並請求讓他跟隨伴同推銷，縫紉機的推銷王（全日本業績最高）山崎先生，也是這些高手之一。

♪　♪　♪

有一天，奧城伴隨山崎挨家挨戶推銷。原本他以爲，山崎必定能夠很有技巧地應付準客戶的拒絕，隨即展開凌厲的推銷攻勢，讓對方招架不住，順利取下訂單。

事實與他想像的卻完全相反。從早上八點出門就一直被拒絕，根本連解說的機會都沒有，奧城立刻對他原先天眞的想法感到十分羞愧。

到了中午，大概拜訪了三十家左右，結果一部縫紉機也沒賣出去。奧城心裡想著：「這種拜訪遭到拒絕之事，原本就不好受，如今又有一個汽車界的幹練推銷員看著他出醜，一定更難受吧！」奧城跟隨在山崎身旁，著急得不得了，內心不斷祈禱希望能趕快賣出一部。然而現實是殘酷的，到了下午三、四點，業績仍然掛零，奧城偷偷瞄了山崎一眼，看他對這種情況似乎司空見慣，一臉平靜。

♪ ♪ ♪

大約在四點左右，他們踏進一棟兩層樓的公寓時，碰到一位潑辣的鄉下婦人。

敲門後，女主人從門縫裡傳出聲音。

「幹什麼來著？」

「您好，我是勝家牌縫紉機公司……」

山崎話沒說完，立刻被屋內婦人打斷：「什麼?!又是推銷縫紉機的，走開！快走開！否則我就要報警了。」

「太太，請問發生什麼事情嗎？」山崎很有風度地問清原委。

「什麼事？還不是你們縫紉機推銷員幹的好事。」婦人氣沖沖地說。

「您能說詳細一點嗎？」

「你要知道就說給你聽。就在前天下午五點鐘左右，樓下三號田邊家來了一位非常囉嗦的縫紉機推銷員，沒看女主人正忙著準備晚飯，就自吹自擂糾纏了一個鐘頭，最後被田邊太太嫌煩拒絕後，竟然老羞成怒要索取一個小時的談話費。田邊太太聽了非常生氣，說要打電話報警，才把那個推銷員趕走。我看你也是推銷縫紉機的，應該也不是什麼好東西。」

山崎受了池魚之殃，根本無法辯解，只能唯唯諾諾地陪不是。婦人見他忠厚老實，語氣才逐漸緩和下來。

為了打開尷尬的場面，加上山崎眼尖，看到婦人客廳有一部縫紉機，連忙問道：「太太，請問您那部縫紉機性能好嗎？」

「好個屁！買來用不到半年就故障了，說什麼三年保證免費修理，根本是騙人的，打了好幾次電話，仍然沒來修理。」婦人生氣地說。

「有這回事呀，如果您不介意的話，讓我來修理看看，應該十分鐘就夠了。」

沒想到山崎還是修理縫紉機的專家，只見他從手提箱取出若干工具，而且，只花了五分鐘就修好了。這大大出乎婦人意料之外，態度馬上有了一百八十度的轉變。

「沒想到您是修理專家，謝謝囉，請進來喝杯熱茶吧！」婦人笑容可掬地說。

她不但親切地倒茶請他們喝，還熱忱地介紹妹妹和他們認識。

「我家小妹最近就要出嫁了，我正打算買一部縫紉機給她當嫁粧，外子有個朋友就在賣縫紉機，說好要打折賣給我們。可是，今天看你這麼熱心幫忙，不買你的，好像說不過去。」

山崎是個推銷高手，當然不會錯過良機，經過一番遊說之後，終於到達簽約階段。

「謝謝您的購買，麻煩在這張訂購單上蓋章。」

婦人找出印章，正要蓋下時，坐在旁邊的妹妹突然開口說：「姐姐，這件事是否要跟姐夫商量一下，否則他那邊也向朋友買的話，就糟糕了。」

就因爲妹妹這句話，一切功虧一簣。

♪　♪　♪

奧城也是從事推銷的，當他們走出這戶人家的大門時，他當然能體會山崎的心情，爲了怕看到山崎懊惱的神情，他故意走在山崎的前面。

一般推銷員碰到這種倒霉的情形，通常會說：「奧城先生，你也是親眼目睹，不是我能力不夠，實在是運氣太差了，半路殺出程咬金，煮熟的鴨子都飛了。」

然而，山崎的臉上竟沒有絲毫沮喪氣憤，好像剛剛根本沒發生什麼事，仍然精神抖擻地往隔壁的門口走去，繼續敲門拜訪。

奧城望著山崎的身影，內心暗暗讚嘆：「不愧是縫紉機的推銷王，什麼叫做百折不撓，堅忍不拔，什麼叫做忍人所不能忍，這就是了。」

奧城除了在山崎的身上學習到不屈不撓的推銷精神之外，也深刻體會到專業知識的重要。山崎在那戶人家所露那一手精湛的修理本事，立刻扭轉了不利的局面。

譬如：

從那次之後，奧城就花時間去研習汽車的一般保養與基本障礙排除。

- 何時要換機油與過濾網。
- 何時要換空氣濾清器。
- 何時要更換電瓶。
- 電瓶沒電時，要如何發動汽車。
- 怎樣測量機油的多寡。
- 怎樣測量胎壓。
- 路上爆胎時，如何自己更換輪胎。
- 什麼情況下要換煞車皮。
- 爲什麼要做前輪定位。
- 什麼情況下要更換老舊輪胎。
- 水箱怎樣加水。
- 怎樣做冬季下雪前的保養。
- 怎樣開車會比較省油。

了解這些專業知識之後，就可以適時對他的客戶與準客戶做恰當的建議。

堅忍

第三章 拳擊手、青蛙與手推車小販

奧城從自殺的邊緣活了過來，轉入日產汽車大田營業所服務，又受到三位推銷高手的啓發，便決心重新再出發，並立下每天拜訪一百個單位的宏願。

在那個年代裡，有意願買車的大都是公司行號而非個人，因此他拜訪的這一百個單位，是以公司行號爲主，家庭爲輔。然而每天要完成一百家的目標，光靠步行非常吃力，所以奧城用有限的積蓄勉強湊出一筆錢，買了部腳踏車。在之後的一年內，他騎這部車把責任區掃了一遍。

當時日產公司提供給推銷員的只有三樣東西：一盒明片、公司電話無限制使用以及若干交通費。

奧城在進入大田營業所的第十八天，也就是完成了一千八百次拜訪之後，簽下了第一份訂單，買主是位油漆行的老闆，令他印象深刻。

奧城回憶說：「取得第一份訂單的情景歷歷如繪，我至今都還記得油漆行老闆那張和善親切的臉。」

爾後，他每個月平均賣出八部車。六個月後，每個月平均賣出十部車，追平了當時業績最高者櫻井的記錄；一年後，他每個月平均賣出十五部車，成爲大田營業所之冠；三年後，他每個月平均賣出二十部車，名列日產汽車第三名；第五年之後，他每個月平均賣出三十部車，榮登全公司的冠軍寶座。之後他連續維持十六年的冠軍，成爲全日本汽車界的推銷王。

奧城爲何能在死亡線上絕處逢生，並在短短五年內就締造出驚人的業績呢？主要是因爲他對挫折態度產生了重大改變。

學習松下對挫折的態度

一個偶然的機會，他幸運地閱讀了松下幸之助的傳記，發現這位名、利、壽兼得的大企業家有一種非常獨特的人生觀，那就是「把壞運看成是好運」的積極人生態度。

綜觀松下的一生，他的運氣還眞不太好：

◆小時候由於腸胃不好，松下經常把屎便拉在褲子裡，弄得狼狽不堪。

◆由於家境清苦，十一歲只唸到小學四年級，就得輟學到大阪的火盆店當學徒。

◆十三歲喪父，二十歲喪母。

◆十七歲，乘船時跌落海中，差一點溺斃。

◆二十歲當電工師傅時，不幸染上肺結核病，當時這是公認的絕症。他的兄弟姐妹八人中，有三人因罹患此病而亡故，而他最後竟能死裡逃生。

◆二十六歲時，有一次騎腳踏車與汽車相撞，腳踏車被撞得稀爛，而人卻沒事。

◆三十四歲，唯一的兒子幸一出生僅六個月就病故。

……

對於上述種種的打擊與磨難，松下都把它當成好運看待：

◆腸胃不好，為免於狼狽不堪，只得小心飲食，並更注意自己的健康。

◆十一歲就輟學去當學徒，因此比別人更早有機會學到做生意的本事。

◆年少喪父母，未來的前途唯有靠自己的雙手去奮鬥打拚。

◆海水淹不死，病魔纏不成，汽車撞不死，我的命實在太好了。

◆獨子亡故，我克服了哀痛，化悲傷為力量。

♪ ♪ ♪

在松下的觀念之中，危機就是轉機，災禍能變成運氣，當然，任何困境也能轉變爲良機。此種化逆境爲順境，把壞運轉爲好運的做法，松下認爲不但能夠說服自己，而且也是自信心的泉源。

最絕的是，每當遭遇不景氣，人人都唉聲嘆氣時，松下卻把它當做是企業發展的契機。他認爲，只有面臨不景氣，企業才能獲得磨練的機會，因此，絕不可抱著度難關的消極心態，一定要把不景氣的「負面」，轉化爲進步動力的「正面」。

松下這種面對挫折的積極態度，使奧城大受感動，不但撫平了他的傷痛，鼓舞了他的鬥志，而且讓他體悟到，挫折乃是成功必須的基本養分。

對挫折應有的正確態度

奧城逐漸認識到，要立志成爲推銷之王，就好比立志要成爲名醫、名教授、名作家一樣，必須走過一條崎嶇、孤寂而又漫長的道路，必須歷經層層的磨練與考驗，才有可能熬出頭來。

在這一段歷經艱苦磨練的過程中，面對種種的挫折，必定要有一種正確的態度——那就是要將挫折視爲理所當然。

推銷原本就是要人買其原來並不想買的東西，因此被人拒絕，或是遇到冷漠、懷疑、輕蔑、仇視等挫折，乃是理所當然的，如果沒有挫折就不叫推銷了。

每一位推銷大王的成功，都是由一連串的失敗與挫折所堆砌起來的。日本保險業的泰斗原一平在成爲保險業的推銷大王後，每一個月還是會遭遇數次的挫折。

每當挫折到來時，他就用下面的話來激勵自己：

◆ 未曾失敗的人，恐怕也未曾成功過。
◆ 忘掉失敗，不過要牢記失敗中的教訓。
◆ 在尚未完全氣餒之前，不能算失敗。
◆ 挫折其實就是邁向成功應繳的學費。

人們往往只看到成功者的光采與榮耀，卻忽略了背後的挫折與辛酸。

♪ ♪ ♪

美國棒球的全壘打王貝比．魯斯（Babe Ruth, 1895-1948），大家只記得他一生共擊出七百一十四支全壘打，而忽略了他曾被三振出局達一千三百三十次；大家都知道卡羅素（Enrico Caruso, 1873-1921）是全世界最偉大的男高音，可是大家都不知道他在練習時曾因唱不出高音，歌唱老師屢次勸他放棄歌唱生涯；大家都知道華特・迪士尼（Walt Disney, 1901-1966）創造了孩童們的夢幻世界，可是很少人知道他在成功前曾經破產七次，外加一次精神崩潰。

就好比縫紉機推銷大王山崎的例子，這些優秀的推銷之王比泛泛的推銷員遭受過更多的打擊與挫折，他們會贏，就贏在對挫折的態度上。一般推銷員遭到挫折，通常意志消沉，或藉故逃避，或放棄退縮，就像以前想要自殺的奧城；優秀的推銷王遇到挫折，會深刻反省，檢討失敗原因，從中找出對策，或是激勵自己，重新站起，再接再厲。

一般推銷員視挫折爲無情的打擊，只能以退縮來因應；而推銷王則視挫折爲理所當然，因此再三拜訪，百折不撓。兩者對挫折看法的不同，反應不同，當然業績也就不同了。

總之，視挫折爲家常便飯，以平常心視之，然後鍥而不捨地拜訪，實爲推銷成功之鑰。

自創挨打哲學

奧城認爲從事推銷工作，最困難的莫過於每天要面對永不休止的冷漠、輕蔑、仇視、拒絕等挫折。許多有潛力的推銷員，就是因爲忍受不了自己的人格被侮辱，尊嚴被踐踏，因而半途而廢，另謀他就，實在很可惜。

爲了面對這些排山倒海的挫折，奧城從觀賞拳賽中獲得靈感，自創一套挨打哲學。

♪　♪　♪

全世界一流的拳擊教練在訓練拳擊手之時，除了要求他們每天跑步鍛鍊體力並學習拳擊技巧之外，最重要的，就是要幫拳擊手建立一套「挨打哲學」。

所謂挨打哲學是指：要成爲一個出色拳擊手的第一課，不是學會打人，要是要學會挨揍，要禁得起打。一個耐得住對方打的拳擊手，才有機會擊倒對方。

奧城認爲這一套挨打哲學不但適用於拳擊手，也非常適用在推銷員身上。推銷員所挨的打是：每天在訪問中不斷遭受的無情對待、冷酷拒絕以及殘忍的挫敗。

美國推銷員協會曾經對推銷員的拜訪活動做長期的追蹤調查研究，結果發現：

四十八％的推銷員，在第一次拜訪遭遇挫敗之後，就退縮了。

二十五％的推銷員，在第二次訪問遭遇挫敗之後，也退卻了。

十二％的推銷員，在第三次訪問遭遇挫敗之後，也放棄了。

五％的推銷員，在第四次遭遇挫敗之後，也打退堂鼓了。只剩十％的推銷員鍥而不捨，咬緊牙根繼續訪問下去。結果八十％推銷成功的個案，都是這十％的推銷員連續拜訪五次以上所達成的。

這項調查研究足以證明：推銷成功的秘訣，主要在視打擊、拒絕、挫敗如無物，逆來順受，然後不屈不撓持續拜訪下去。就像拳擊手一樣，只要經得起對方無情的打擊，就有獲勝的機會。

奧城以前一直認爲，頂尖的推銷高手必定能夠巧妙地應付準客戶的拒絕，隨即展開有效的攻勢，輕易取下訂單。錯了！成功推銷員光鮮亮麗的背後，隱藏了無數的辛酸與挫敗。任何打破業績紀錄的人，必定也是遭受拒絕次數破紀錄的人。任何拔尖的推銷員，必定也是受屈辱與挫折最多的人。

奧城把挨打哲學變成他推銷過程中的信念之後，發現自己比較能接受挫折，也比較能夠愈挫愈勇。

以青蛙爲師學會面對拒絕

自從奧城在一九六一年，以每個月平均賣出三十部汽車的業績榮登日產汽車公司的冠軍寶座之後，就經常有媒體來採訪他，最常見的是財經類的報紙與雜誌，偶而也有電視台與電台的採訪報導，其中讓他印象最深刻的是NHK（日本國家廣播電視台）的訪問。

這是一個名爲「從生活中找到自我」的勵志性節目，其內容是介紹各行各業有卓越成就、有代表性人物的日常生活與工作狀況，而在推銷領域，他們選中了奧城。

♪ ♪ ♪

雖然節目時間只有短短三十分鐘，爲了逼近奧城實際的工作情況，製作小組的攝影人員要求與他一起進行挨家挨戶的直衝訪問，以便做實況錄影，他認爲這個提議很好，就一口答應。

他們連續拜訪了二、三十家，也連續遭遇到二、三十個冷漠的拒絕，對此，奧城是司空見慣，視若無睹，可是跟隨他的攝影人員已經受不了了，個個垂頭喪氣。

「奧城先生，恕我冒昧，像你這樣連續吃二、三十個閉門羹，如何才能成爲汽車的推銷大王呢？」攝影人員忍不住問道。

「這算不了什麼，我平均每天要遭遇到大約一百個拒絕。能夠忍受這種連續拒絕的人，才能成爲最頂尖的推銷員。每天遭遇無數的屈辱、拒絕、失敗之後，能夠平心靜氣克服者，才能成爲人人敬佩的推銷之王。」奧城淡淡地回答道。

「這太不可思議了，每個人都給你臉色看，難道你不覺得自尊被踩在腳下，很難受嗎？」

「以前會，自從我改變了對挫折的態度，並頓悟出青蛙法則後，我就不會難受了。」

♪　♪　♪

奧城說的是眞話。有一次，他到鄉下拜訪一家工廠的老闆，被拒絕後受了一肚子氣，走出工廠，一時尿急，不便再回工廠借廁所，就在鄉下田埂邊方便了事。

這時，奧城發現有一隻青蛙就在腳邊，於是他故意把尿撒在青蛙頭上，原以爲青蛙會被嚇走，沒想到牠不但沒走開，而且眼皮也沒閉上，張著雙眼一直瞪著他，就像在享受一次突如其來的免費溫水淋浴。

這一幕給奧城重大的啓示。

他自言自語道：「青蛙視羞辱爲淋浴。如果我那泡尿就像是準客戶的拒絕，推銷員就得像那隻青蛙。再多的拒絕、再惡劣的羞辱，也要像青蛙的反應一樣，逆來順受，視若無睹。」

這就是奧城在田埂撒尿時，無意中體悟出來面對拒絕最有用的青蛙法則。

用因果法則學會感激拒絕

坦白說，遭到拒絕是推銷員的致命傷。一般的推銷員在一天當中首次碰到拒絕，臉色立刻泛白；碰到第二次的拒絕，就信心頓失；若再碰到第三次的拒絕，根本就萎靡不振。如果一天遭到幾十次的拒絕，不但自尊心受到傷害，而且會懷疑自己存在的價值。這就是奧城先前想要自殺的主要原因。

後來他每天遭遇近百次的拒絕，非但沒有退卻，反而能愈挫愈勇，主要依靠三件法寶，一是挨打哲學，二是青蛙法則，三是因果法則。

根據奧城的觀察，每一種行業的推銷都有其成功或然率，以推銷汽車爲例，大約訪問一百家左右，就有一家願意買汽車，其成功或然率爲百分之一。換句話說，遭到九十九次拒絕之後，就會出現一個訂單，只要先有前面九十九次拒絕的「因」，必定會產生後面一個訂單的「果」，這就是他體會出來的「因果法則」。

♪ ♪ ♪

奧城這個「因果法則」，是從一個深夜推車賣麵的小販身上得到的啓示。

在寒冬的深夜，每個人都藏在暖和的被窩裡，小販冒著嚴寒，拖著孤寂的身影，從夜晚十一點到次日清晨五點，沿街叫賣。這時，大多數的人都在睡夢中，出來吃麵的人寥寥無幾，爲什麼小販能夠日復一日地做下去呢？原來也是因果法則。

小販從經驗中得知，只要每晚推出車子，沿街叫賣六個小時（這是因），到了次日清晨平均都可賣出一萬日幣，毛利約四千日幣（這是果）。因為多年的經驗，證實了這個因果法則，小販才會在寒冬中風雨無阻地堅持下去。

在「因果法則」的心理建設之下，奧城不再視準客戶的拒絕為畏途，他認為對方的拒絕、冷淡、懷疑、輕蔑、仇視，甚至毫無緣故的羞辱，都是理所當然的事情。

♪　♬　♪

人的內心反應是非常奇妙的。奧城在尚未建立挨打哲學、青蛙哲學與因果法則之前，對準客戶的拒絕覺得痛苦不堪，甚至難過得想要毀滅自己；可是有了那三樣法寶之後，不但對準客戶的拒絕能逆來順受，進而甘之如飴，最後竟然對拒絕感激不盡。

這話怎麼說呢？因爲奧城堅信只要拜訪了九十九位準客戶，第一百位就是眞正的客戶了。因此，他覺得不但要感謝第一百位的買主，更應該感謝先前沒買的九十九位，因爲如果沒有前面九十九次的拒絕，哪來第一百位的交易成功呢？

意外的收穫

奧城內心有了因果法則的信念之後，其挨家挨戶的拜訪過程變成了下面這樣：

「您好！我是日產汽車的奧城良治。」

「什麼！推銷汽車的，沒興趣。」

在遭到第一家拒絕之後，內心竊喜道：「好極了！九十九家減少了一家。」並用感謝的語氣說：「謝謝您的指教，這是我的名片，以後若有需要，請隨時來電。」

接著到第二家訪問，仍然遭受拒絕。

「我在踏入這家門口之前，就有預感會吃閉門羹，果然不出所料，仍然遭受拒絕，我的第六感眞是神準。」奧城在爲自己第六感的靈驗感到自豪時，不知不覺就露出笑容了。

接下來，雖然繼續遭受拒絕，但是奧城都能以笑容回應，留下名片。

奇妙的是，不久之後，在每天散發的大量名片中，居然有人打電話來訂車。在此之前，奧城背負業績的壓力，每天緊繃著臉，進行詛咒式的訪問，即使散發再多的名片，從未有人打電話來買車。

♪　♪　♪

還有一次，奧城到一家工廠訪問，工廠老闆因爲剛被退一批貨，心情壞透了，就很不客氣地把他轟出去。奧城一點也不生氣，仍然笑容可掬地遞給老闆一張名片。

沒想到兩天後，工廠老闆來電向奧城道歉說：「那一天我被退貨的事搞得焦頭爛額，用十分惡劣的態度對待你，沒想到你卻絲毫不動氣，你的涵養眞好，貴公司有幸用到你這樣的人眞福氣啊！」

工廠老闆原本也是有涵養的人。那一天因爲遷怒而把奧城趕出去。事後爲自己的失態感到不安，才來電致意。奧城最喜歡像工廠老闆這樣的準客戶，因爲他們經常以買車或介紹客戶來彌補心中的愧疚。

這次的意外收穫，讓奧城又深刻體會到一點，面對嚴峻的拒絕，最佳的因應之道就是：笑容滿臉地遞給對方一張名片。

第四章

堅忍

五個態度，決定成敗

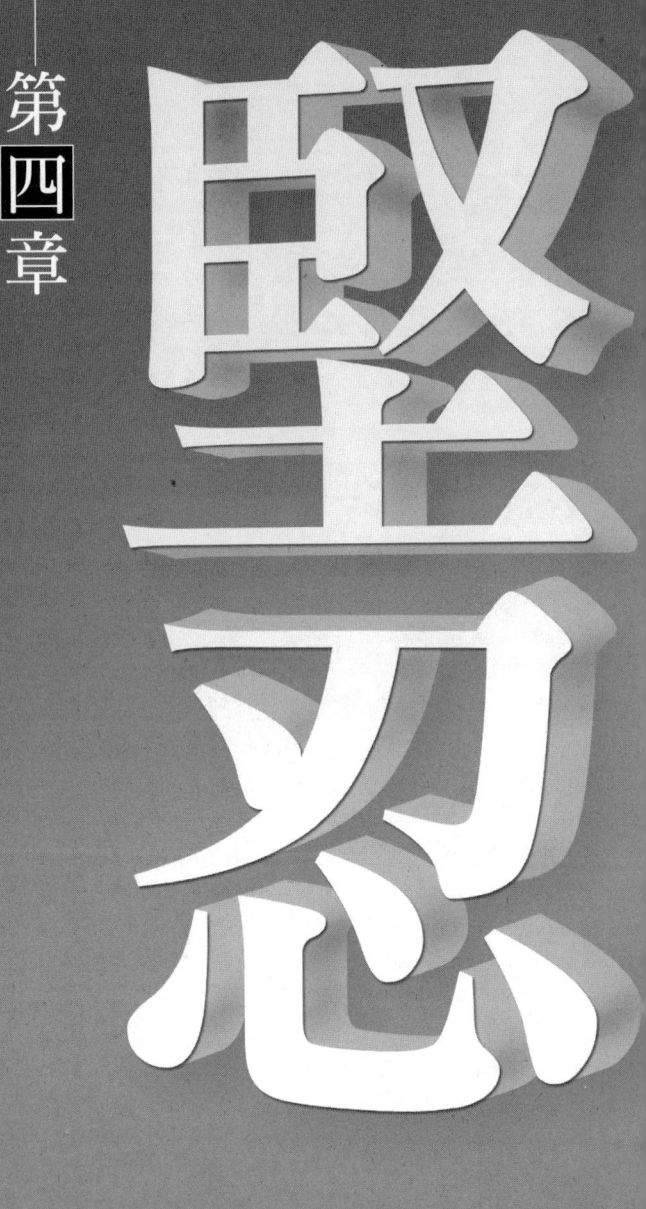

奧城良治曾經向一百多位各行各業的頂尖高手請教推銷成功的秘訣，他們的回答出乎他的意料：重要的不是推銷技巧，而是正確的態度。也就是說，態度比技巧重要。

有位高手告訴他：「態度就像是習武時的蹲馬步，馬步沒蹲好的話，學到任何巧妙的招式都不管用。」

另一位高手則說：「通常推銷新手都熱衷於學習推銷技巧，而忽視正確的態度，那實在捨本而逐末。」

還有一位高手說得更白：「推銷員在推銷時，很在乎別人對他的態度，可是他有沒有想過，自己的態度又是如何呢？」

「態度」的神奇魔力

最令奧城印象深刻的是，一位高手告訴他「態度」神奇魔力的眞實故事。

若干年前，羅伯特博士在美國哈佛大學進行一項爲期六週，老鼠通過迷陣吃乳酪的實驗，對象是三組學生與三組老鼠。

他對第一組學生說：「你們太幸運，因爲你們將跟一群天才老鼠在一起，這群聰明老鼠將迅速通過迷陣抵達終點，然後吃許多乳酪，所以你們必須在終站多準備此乳酪。」

他對第二組學生說：「你們將跟一群普通的老鼠在一起。這群平庸的老鼠最後還是會通過迷陣抵達終點，然後吃乳酪。因爲牠們智能平平，所以你們不要期望太高。」

他對第三組學生說：「很抱歉，你們將跟一群笨老鼠在一起。這群笨老鼠的表現會很差，不太可能通過迷陣到達終點。因此你們根本不用準備乳酪。」

六個星期後，實驗結果出來了。如同羅伯特博士所言，天才老鼠迅速通過迷陣，很快就抵達終點；普通老鼠也陸續抵達終點，但是速度很慢；至於笨老鼠，只有一隻抵達終點。

有趣的是，其實根本沒什麼天才老鼠、普通老鼠、笨老鼠之分，牠們全都是一窩平常的老鼠。牠們之所以表現會有天壤之別，完全是因爲實驗的學生受到羅伯特的影響，使他們對老鼠採取不同態度所產生的結果，學生們當然不懂老鼠的語言，但老鼠卻知道學生們對牠們的態度。

這個故事讓奧城深信態度的神奇力量。

♪　♬　♪

到底推銷員應有什麼樣的正確態度呢？奧城根據那些推銷高手的說法，整理出最重要的下列五項：

一、對人的態度

對人的態度包括對待自己與對待別人的態度。

請問，你了解自己嗎？你對自己有什麼看法呢？你認爲自己擺對了位置嗎？你曾經坦誠地問自己是否適才適所嗎？

任何人都必須經由自我剖析，才能明瞭自己的優缺點，才能發揮所長，達到肯定自我，發揮潛能的終極目標。

可是，自我剖析說來簡單，行之不易。因爲向自己坦白，承認自己的缺失與過錯，非常難堪。只有明瞭從自白與自剖過程中，可得到豐碩成果的人，才願意承受此種痛苦。

還有，只有對自己眞誠，凡事盡心盡力，自尊與自信才會慢慢培養起來；相反的，對自己不誠實，凡事敷衍了事，就會有一種罪惡感不斷啃噬我們的自尊與自信，每下愈況，直到不可收拾。

另外，你曾經自問是怎樣的人嗎？一個人認爲他是怎樣的人，他就會是怎樣的人，就像學生對老鼠的態度。換言之，你如何看自己，你就會表現出那個樣子。譬如說，如果你認爲自己非常適合推銷，那麼有形無形地你就會表現出成功推銷員的特質。

推銷員每天除了面對自己之外，還要面對廣大的人群。你每天都在向別人推銷，那麼，你對別人的態度又怎麼樣呢？請先回答下列五個問題：

你喜歡別人嗎？

你喜歡了解別人嗎？

你容易與別人相處嗎？

你相信「人之初，性本善」嗎？

你相信助人爲快樂之本嗎？

如果以上問題的答案都是肯定的「是」的話，就表示你對別人的態度完全正確。而其中即使只有一項回答爲「否」的話，那就表示你對別人的態度不夠正確，應盡快改正過來。

♪　♪　♪

天下沒有白吃的午餐，你必須先喜歡別人，別人才會喜歡你；你必須先給別人一個微笑，別人才會回報你一個微笑；你必須先幫助別人，別人才會回過頭幫助你。

千萬不要以別人不肯改變態度，做爲自己無法改變態度的推託之詞。別人的態度絕對會改，前題是，我們應該從改變自己的態度著手。

請記住，單憑苦幹不一定能成功，必須對自己與別人有正確的認識與正確的態度，才是成敗的關鍵。

二、對推銷的態度

推銷員應當對推銷抱持怎樣的態度呢？

人人都在推銷自己

我們通常只從狹窄的定義去看推銷，認爲推銷就是使人購買其原來不想買的東西，換言之，推銷就是運用一切可能的方法，把產品或服務提供給客戶，使其接受或購買。

不錯，那是推銷，不過那是狹義的推銷。就廣義而言，推銷是一種說服、暗示，也是一種溝通、要求，因此，人人都在推銷，也無時無地不在進行推銷。

嬰兒啼哭，是向母親暗示，把「肚子餓了要吃奶」或「要換尿片了」的意思推銷給母親，以引起母親的呵護關注；女朋友的撒嬌，是把「我喜歡你」的訊息推銷給男友，希望贏得男友的好感；小孩鬧彆扭，是向家長推銷「我要到隔壁小強家玩」的想法；太太鬧情緒，很可能是正在向先生推銷「我想得到那件貂皮大衣」的意願。

一對熱戀中的情侶，女方暗示男友她不喜歡散步，而喜歡看電影，她是在推銷；男方試著改變女友看電影的主意，改去看棒球賽，他也是在推銷。

試問，在所有同事之中，誰爬得最快？自然是最懂得推銷自己、最受老闆器重的那一位；誰會在選舉中獲勝？當然是那位最擅於向選民推銷自己的候選人；至於誰主演的影片會賣座，也絕對是最擅長向觀眾推銷自己的演員啦！

事實上，不管在什麼時間，處在什麼地點，也不管在做什麼事情，人人都在忙著推銷，只是我們都未曾深思與察覺到這一點罷了。

具備大材才能做推銷

一般人總認為推銷很容易，只要四肢健全，勤奮努力，人人都能做推銷員，這是錯誤的觀念，只有大材才能做好推銷的工作。

筆者曾經把推銷員分為下面三個等級：

A、最下一等的送貨員：由公司分派固定的顧客，按時送貨收款，這只是送貨的快遞，沒做推銷的工作。

B、上來一級的推銷生：由公司分給若干客戶，或靠關係找到若干客戶，通常他們只是守成，開拓新顧客的能力有限，業績平平，大多數推銷員均屬於這一類。

C、專業的推銷家：這是無中生有，所有的客戶全靠自己爭取，每天接受殘酷挑戰，不斷地開拓新客源，業績驚人。這才是推銷家，也是一般通稱的專業推銷員（Professional Salesman）。

爲什麼奧城在五十鈴汽車工作滿一年，業績還是一直做不起來呢？因爲他仍舊停留在推銷生這個階段，要從推銷生躍升到推銷家，業績才會有明顯的改善。

請容我再重覆一次，大材才能做推銷事業。推銷是一門深奥的學問，與醫師、律師、會計師相比，任何行業的推銷家都只有過之而無不及，非但必須經過長期的專業訓練，而且必須精通心理學、行銷學、表演學、口才學、人際溝通以及資訊管理等等，絕非泛泛之輩所能勝任。

因此，推銷家必須是一個全才，他不但雙手敏捷，雙腳勤快，而且腦袋要靈光，心靈得開放。有一句話說得妙：使用雙手的是勞工；使用雙手與腦袋的是舵手；使用雙手、腦袋、心靈的是藝術家；只有使用雙手、腦袋、心靈再加上雙腳的才是推銷家。

推銷乃成功之鑰

在某種層次而言，推銷對社會、企業以及個人都非常重要。

就社會而論，人類的活動是從一個人向另一個人推銷開始的，推銷與被推銷的比率各佔一半，假如社會上沒有一群人向另一群人推銷的話，所有的經濟活動將呈現靜止狀態，將變成死氣沉沉的暗淡世界，又怎能談得上進步與繁榮呢！因此，推銷就是社會經濟活動的原動力，而人類的繁榮與幸福也是一連串的推銷活動所促成的。

就企業而言，在以前生產導向的年代裡，商品供不應求，甫一上市就被搶購一空，所以根本不需要推銷。可是近年來，由於機器的發明帶來大量生產的技巧與方法，各種商品供過於求，很自然邁入了一個市場導向的時代。各行各業在市場激烈競爭的情況之下，都非常需要推銷。因此，我們常在企業界聽到「推銷是王」、「沒有推銷就沒有企業」等說詞，在在顯示推銷在商業活動中所佔的重要地位。

就個人而言，推銷乃成功之鑰。如前所述，推銷既是說服與暗示，也是溝通與要求。因此不分年齡、不分男女、不分職業，人人都無時無地不在推銷自己。

那些思想家、科學家、政治家、藝術家、作家等，各行各業中的佼佼者，無疑是芸芸眾生中，最懂得自我行銷的頂尖高手，他們推銷自己的理念、發明、政見、美學觀念等，並對社會大眾做出貢獻。因此可以說，推銷能力的高低深深影響著每個人一生的成敗，換言之，只有擅於推銷者，才能成大功，立大業。

三、對顧客的態度

推銷員應當對顧客抱持什麼態度呢？

顧客是衣食父母

對推銷員來說，顧客是世界上最重要的人，他們是推銷員的衣食父母，是一切業績與收入的來源，因此顧客至上，顧客是王，顧客永遠是對的。

大阪的商人特別精於做生意，他們非常重視與尊重顧客，甚至在晚上睡覺時，雙腳都不敢朝向顧客住處，以示敬重。

從事推銷工作，唯一的任務就是把產品或服務賣出去，因此，必須牢記下列幾點：

◆情緒低落時，請勿推銷，以免得罪顧客。
◆即便顧客不講理，也要忍讓，因爲顧客永遠都是對的。
◆絕不要逞口舌之快得罪顧客，因爲他們是我們的衣食父母。逞一時之快，就得付出失去顧客的慘痛代價。

◆愈是難纏的顧客，愈要設法接近，因爲他們往往是購買力強的族群。

◆對少數惹人嫌的顧客，也要打從內心感激他，否則你的言行會不自覺流露出對他的反感。

設身處地為顧客著想

推銷員不僅推銷產品而已，他還必須時時刻刻站在顧客的立場，當一個爲顧客著想而且能夠幫顧客選購產品以及作決定的人。

美國壽險奇才卡爾．巴哈（Karl Bach）推銷成功的秘訣是：以圖利顧客爲重，使顧客買保險得到的利益大於他賣保險所得到的利益。

他說：「你應該設身處地地爲顧客著想，爲他設計最適合的保險。只要你使他覺得你的服務不同凡響，你就處在有利的位置了。」

巴哈說到做到，有一次，有一位顧客對他說：「我要爲自己買五千美元的壽險，還要爲內人與三個小孩各買一千美元的壽險。」

巴哈知道顧客對壽險的觀念有偏差，他爲了顧客的利益，立刻出口糾正說：「壽險的目的是要當父親的投保去保障孩子，而不是要子女投保去保障父親。」

最後，在巴哈的建議之下，顧客只爲自己和妻子投了五千美元的壽險。巴哈雖然喪失了三千美元的業績，但他贏得顧客的敬重，後來不但變成忠實的老主顧，而且還給巴哈引介了不少新的生意。

推銷是買賣雙方互利的行為

因爲顧客是推銷員的衣食父母，所以推銷員應設身處地爲顧客著想，時時關心對方的利益；然而在本質上，推銷是推銷員與顧客兩蒙其利的雙贏行爲。

推銷員賣出產品，賺取薪水與佣金，得到該有的利潤；顧客購買產品，是因爲推銷員所賣的產品對他有利，他可從所買的產品得到滿足或獲得更大的利潤。雙方若不是建立在互利的基礎上，買賣關係是不會久遠的。

在兩蒙其利的前題下，顧客並沒有施恩於推銷員，因此推銷員也不虧欠顧客什麼。顧客向你買東西，你應當誠懇地感謝他、關心他，但不必過分地諂媚與逢迎。

買賣雙方原來非常平等，彼此地位的高低完全是供需的情況所造成的。當市場供過於求時，那是買方市場，買方地位高，賣方地位低；反之，市場供不應求時，那是賣方市場，賣方處主導地位，買方地位低。近年來，大部分的產品都供過於求，因此才會形成買高賣低的狀態。

四、對產品或服務的態度

在台北的街頭，經常可以看到兩個、兩個結伴而行的摩門教洋教士，騎著腳踏車逢人就傳教。由於台北人大多信仰佛教，因此對推銷基督教的洋教士大多搖頭拒絕。

洋教士的待遇微薄，僅夠糊口而已。他們到處碰壁，非但沒有因此而氣餒，仍然滿懷熱忱繼續傳教，爲什麼能夠做到這樣呢？主要因爲他們有神聖的推銷宗旨——他們在行善，做好事，堅持要把福音傳播給每一個家庭。

洋教士因爲對自己推銷的服務充滿信心，所以對任何拒絕才能視若無睹。同理，推銷員對自己推銷的產品與服務必須有強烈的信心，才能忍受一連串的挫折，繼續推銷下去。

對產品或服務有強烈的信心

推銷絕對不是四處求人的工作，顧客之所以願意花錢買我們的產品或服務，一定不是因爲你求他，而是因爲我們的產品或服務能帶給他們某些利益，或滿足某種需要。因此，推銷員對自己推銷的產品或服務，必須從內心肯定其價值，對它充滿十足的信心。

有位壽險的推銷高手說過：「推銷壽險眞好！它不但對購買者提供保障，而且對國家的貢獻也很大。另外，工作自由，又能認識許多新朋友，收入又高，眞的是一舉數得，樂趣無窮。所以，我應該加倍努力，使更多的人投保壽險，使更多的家庭得到幸福與保障。」

身爲推銷員，必須像上述的壽險高手一樣，不斷地告訴自己，你所推銷的產品，都很值得別人花錢去購買。而且，對所推銷的產品，購買者從中得到的利益，絕對超過他們所付的金錢。這就是推銷員對產品或服務應有的正確態度。

一則活廣告

那麼，要如何對產品表示強烈的信心，要如何對產品表現出正確的態度呢？最好的方法就是：把自己當成是顧客，立刻去購買、使用或穿戴，展示出自己所推銷的產品。這就是一則活廣告。

一個日產汽車的推銷員所開的車，必須是日產，而不能是豐田的；一個玫琳凱的推銷員所用的化粧品，必須是玫琳凱，而不能是雅芳的；一個宏碁的推銷員所用的手提電腦必須是宏碁，而不可以是惠普。

爲什麼要嚴格要求推銷員使用自己的產品呢？理由很簡單，假如推銷員自己都不使用的話，還能寄望別人會掏錢購買嗎？

♪ ♬ ♪

虎牌、象牌是目前日本熱水瓶的兩大品牌。大約在三十多年前，當象牌爲市場大品牌時，虎牌仍是市場上的小品牌。虎牌爲了急起直追，並激起推銷員對公司產品的強烈信心，每次出差推銷住宿旅館時，都會問旅館老闆，房間是否使用虎牌熱水瓶，若是則投宿該處，若不是便掉頭而去。

虎牌此一做法，不但使推銷員對自己的產品產生強烈的信心，並藉機開拓旅館業界的龐大市場（日本每家旅館每一房間均需一個熱水瓶）。幾年下來，虎牌果然成爲日本熱水瓶的大品牌，與象牌並駕齊驅。

還有一點，推銷員可能會擔心他們所推銷的產品是否爲同類產品中最優良的？其實這點是不用擔心的，雖然同類產品中有可能只有一種是最好的，可是因爲顧客層所得、年齡、性別、教育程度不同，可區分出許多不同層次的消費市場，而不同價格的產品正好滿足不同的消費者的需求。所以，每種產品必定都有其適合的目標推銷族群。

五、對未來的態度

請問：

- ◆你對未來有什麼看法呢？
- ◆你喜歡未雨綢繆，還是得過且過呢？
- ◆你喜歡計劃未來，還是回憶從前呢？

推銷員對未來的態度，可以用一句話來概括：對未來到底是樂觀？還是悲觀？

♪ ♪ ♪

有兩個小和尚，奉住持之命，每天都要下山要河裡去提水。

第一個和尚說：「沒有人的生命比我更充實的了，每天都空空地來到河邊，然後滿滿地離開。」

第二個和尚說：「沒有人的生命比我更空虛的了，每天都是滿滿地離開河邊，然後又空空地回來。」

♪ ♪ ♪

請問你對未來是抱持怎樣的態度呢？如第一個和尚般的樂觀積極，相信日子眞好；還是如第二個和尚般的悲觀消極，相信日子眞糟呢？

每一個人的內心都有樂觀與悲觀的傾向，要選擇前者還是後者，這就是態度的問題了。一瓶裝一半的酒，有人說：「還有半瓶」，有人說：「只剩半瓶」，前者樂觀，後者悲觀，當然前者才是值得學習的態度。

全世界許多的研究報告均已證實，樂觀的人逢事會有積極的表現，比悲觀的人運氣佳，書唸得好，錢賺得多，身體更健康，甚至更長壽。

♪ ♪ ♪

一個樂觀的推銷員，立定業績的目標後，知道憑著努力，必能達成。當他傾全力去完成目標時，他已經將這個積極的態度，向自己推銷成功。想到達成目標的心愈迫切，他愈能無視於周圍環境的艱難困苦，堅定信心，盡力而爲。

美國大都會人壽保險公司曾經對該公司的推銷員做過一項「樂觀、悲觀與業績關係」的調查研究。結果發現：在資深的推銷員中，樂觀者的業績比悲觀者高出三十七%；在新進人員中，樂觀者的業績比悲觀者高出二十%。

此項調查證實：推銷成功固然與個人才能有關，然而相信自己一定會成功的信念，更是決定成敗的關鍵要素。

♪ ♪ ♪

這是發生在美國的眞實故事。

有一位大學法律系畢業的年輕人，連續兩年報考律師資格考試失敗，情緒低落加上身無分文，覺得人生乏味，去看心理醫生。

「你結婚了嗎？」醫生問他。

「我大學畢業就結婚了。這段期間沒什麼收入，妻子一直跟著我受苦，我也不知道她爲什麼沒有棄我而去。」

「你身體還好嗎？」醫生又問。

「身強體壯，沒什麼毛病。」

「你看起來野心勃勃，很有雄心壯志。」醫生說。

「沒錯，我個子雖小，但很有幹勁。」

接著，醫生把診斷結果給病人看。上面寫著：

（一）深愛他的妻子，不離不棄。

（二）身強體壯。

（三）有雄心壯志：其企圖心將助他排除萬難，走向成功。

病人看了，雙眼發亮：「老是想著考試失敗，竟忘記我仍有希望。」

年輕人又考了三次，總共考了五次，最後取得律師資格。醫生沒給他妙藥靈丹，只是鼓舞他用積極的態度去面對未來的人生。

♪　♪　♪

樂觀者與悲觀者最大的差別，就在於面對挫折時的態度。當遇到挫敗時，樂觀者會去找出失敗的原因，設法改善；悲觀者則會責怪自己，自暴自棄。簡言之，悲觀者在困境中看到的永遠是困難重重，而樂觀者則在困境中看到了可能的機會。所謂失之毫釐，差之千里，推銷的成或敗，業績的高或低，在那一念之間就決定了。

堅忍

第五章 推銷自己的七個方法

推銷界有句名言：「推銷產品之前，要懂得先推銷自己。」這句話是什麼意思呢？因爲推銷自己比推銷產品更重要，在推銷產品之前，假如你不先把自己推銷給顧客，使顧客接受你，認同你的話，你的產品一定推銷不出去。

奧城根據多年的推銷經驗，逐步體會出下列推銷自己的七個方法：

一、儀表

注重儀表是推銷自己的第一個方法。

儀表決定了顧客對你第一印象的好壞。推銷自己必定要從儀表開始，因爲在你尚未開口說話，對你一無所知之前，顧客先看到你的儀表，並留下或好或壞的初步印象。

儀表的好壞，是推銷自己成敗的首要關鍵，它包含了儀容與服飾兩個方面。

儀容

顧客一定不願看到一個儀容不整、不修邊幅、談吐隨便的推銷員。只有整潔端正、神采奕奕、開朗愉快的推銷員，才會給顧客良好的第一印象。

更進一步分析，下面六點是推銷員在儀容方面要留意之處：

- ◆頭髮太長？太亂嗎？太油嗎？
- ◆牙齒清潔發亮嗎？
- ◆領帶打正了嗎？長短是否適宜？
- ◆襯衫領子與袖口髒嗎？
- ◆指甲太長？有污垢嗎？
- ◆有沒有口臭？狐臭？

服飾

推銷員要面對各色各樣的顧客，穿戴服飾應把握下列的原則：

- 衣服顏色不可太鮮艷奪目，應以穩重大方的素色為宜。
- 衣服講究合身，太寬、太窄、太長、太短皆不宜。
- 上衣與褲子、領帶、手帕、襪子等應相配。
- 配合季節，挑選顏色。夏季宜淡色，冬季宜深色。
- 因地制宜，拜訪辦公室適合穿西裝領帶，拜訪工廠適合穿夾克。
- 若穿西裝，不宜脫掉，那有失禮節。
- 眼鏡、領帶夾、項鍊、戒子、皮帶、手機、鋼筆等要與自己的身份匹配。
- 皮鞋要擦亮，那會增加自信。

◆若有開車的話，每天務必保持車內外的整潔。（因爲準客户隨時有可能搭你的車）

二、推銷的基本禮節

注重基本禮節乃是推銷自己的第二個方法。

下列八點，是推銷員在訪問顧客時常犯的毛病：

◆因緊張而不停地眨眼。

◆不由自主的摸鼻子與嘴巴。

◆咬嘴唇、舔嘴唇。

◆吐舌。

◆抓頭。

◆聳肩。

◆抖腳。

◆折手指發出「喀、喀」的聲音。

下列十點，是推銷給人好感的禮節：

◆在進門之前，不論門是關著或開著，均應先輕輕地敲門。

◆看見準客户時，先點頭微笑，口說：「您好！」

◆在準客户未坐定前，不應先坐下。椅子要坐端正，身體微向前傾。

◆握手時，鬆緊要適宜。

◆遞送或接受名片時，記得要用雙手。

◆交談時，兩眼看著對方，用心聽對方的談話。

◆留意坐的位置與提供的資料，不要妨礙到準客户與他身邊的人。

◆用不亢不卑的態度和溫和的語氣，與準客户討論。

◆當準客戶離席時，要起立示意。

◆告辭時，要感謝準客戶的交談和指教。

三、積極的人生觀

培養積極的人生觀是推銷自己的第三個方法。

人生觀是一個人對人生的看法，也是一個人決定人生方向的主要因素，更是一個人畢生成敗的重要關鍵。

人生觀有兩種，一種是消極的，另一種是積極的。

♪　♪　♪

早晨一睜開眼睛，就一肚子不高興，早餐時，向太太出氣，只喝了一口牛奶，就匆匆趕往車站。一看原來時間沒算好，又是大擺長龍，苦等三十分鐘公車才到來。好不容易擠上公車，不料，一雙新皮鞋被冒失鬼踩髒了。到了公司，遲到五分鐘，被課長訓了一頓。於是，氣得往椅子一坐，愁眉苦臉地想道：「唉！又是倒霉的一天。」

早晨起來，打開收音機，讓優美的音樂充滿房間。換上運動衣，到附近學校操場慢跑三十分鐘，回家沖個澡，渾身舒暢，吃了兩碗稀飯，還稱讚太太又香又嫩的荷包蛋。然後，哼著小曲，騎著腳踏車向公司出發。一路上，與熟人打招呼，道早安、問好。進入公司，與每一位同事愉快的打招呼。眞棒！又是美好的一天。

上述兩種截然不同的狀況，其實僅繫於人生觀的不同。前者是消極，後者是積極，如此而已。

♪　♪　♪

單單人生觀的不同，可以使你左右逢源，也可以使你到處碰壁，凡是有成就的人，無不擁有積極的人生觀，他們常在困境中，以正面的態度，和不屈不撓的毅力，打敗頑強的敵人，獲得成功。

下面是培養積極人生觀的六個方法：

◆每天一醒來就暗示自己，一定要快快樂樂度過這一天。這樣一來，潛意識自然會引導你到快樂的天地裡去。

◆凡事不要吹毛求疵，警惕自己不要成爲小心眼的人。

◆欣然接受別人的誠心批評。

◆凡事不要斤斤計較，敞開心胸，往好的一面去看，昂首闊步，勇往直前。

◆所謂「沒有辦法」，是用過去的老方法沒有辦法，若用新的方法一定有辦法。

◆多與達觀、開朗、成熟、幽默的人來往。

四、眞誠的讚美

眞誠的讚美準客戶是推銷自己的第四個方法。

人人都渴望別人的讚美，你的準客戶當然也不例外，通常只是簡單的一句讚語，都會令對方感到無比的溫馨與受用。

在讚美準客戶時，要留意下列三點：

掌握時機

讚美的時機，稍縱即逝。不論推銷的對象是公司主管、採購人員或家庭主婦，優秀的推銷員從進門到離去，絕對不會錯過任何可以讚美對方的機會。

讚美的標的物

下列都是讚美的標的物：

- 準客户的衣著服飾。
- 準客户的身體狀態。
- 準客户的卓越成就（留意牆上的獎狀與獎牌）。
- 準客户的專長與興趣。
- 準客户的談吐學問。
- 準客户對企業的經營。
- 準客户對環境的佈置。
- 準客户對推銷產品的批評與看法。

讚美必須真誠

雖然人人都喜歡別人的讚美，然而，言不由衷的讚美就變成虛假的逢迎。逢迎令人噁心，因此讚美必須真誠、自然，而且有事實根據。

讚美與拍馬不同，它要花腦筋去觀察尋找準客戶值得佩服的優點，經過一番過濾，再輕吐出口。特別是別人不知道或不留意的優點，經過你的真誠讚美之後，最能增加準客戶對你的好感。

五、牢記姓名

牢記準客戶的姓名，是推銷自己第五個方法。

請問，當你拿起一張包括你自己在內的團體照片時，會先看誰呢？毫無疑問的，一定先看自己，這是人性。

人類最關心的是自己，所以連帶地非常關心自己的姓名。戴爾・卡內基（Dale Carnegie, 1888-1955）說得好：「沒有什麼聲音比自己的名字更動聽、更重要了。」假如你能夠重視並牢記準客戶的姓名，這不但能建立良好的人際關係，而且對業務的拓展也大有助益。

曾經有位非常成功的餐廳老闆，在退休後告訴友人說，他招攬客人的秘訣在於：牢記新客人的大名。只要到餐廳吃飯的熟客介紹給他新客人之後，在這位新客人離開餐廳時，他會叫出對方的大名，並感謝其惠顧，幾乎沒有例外，新客人都會露出驚訝又喜悅的表情，之後會帶一票人再來惠顧。

♪ ♪ ♪

要牢記人名，請參考下面四個方法：

用心聽好

把記人名當成重要的事。每當認識準客戶時，一方面用心注意地聽，一方面牢牢記住。若聽不清對方的大名，請立即再問一次。切記！每一個人對自己的名字，比全世界的人名加總起來還要關心。

用筆記好

別太信任自己的記憶力，在取得準客戶名片之後，必須把他的特徵、嗜好、專長、興趣、生日等資料寫在名片背後，以幫助記憶。當然，若有其照片，配合名片製成資料卡，就更理想了。

反覆使用，協助記憶

重覆一個人的姓名，能幫助記憶。因此，在初次談話中，應故意多叫幾次準客戶的大名。若對方的姓名很奇特或少見，不妨請教其寫法與取名的經過。此種以姓名爲話題的處理方式，更能加深印象。

運用有趣的聯想

這是利用準客戶的特徵、個性、諧音等，以產生聯想的記憶方法。

◆特徵聯想：譬如對方叫李茂生，而其特徵是毛髮茂盛，可用毛髮茂盛聯想到姓名。

◆個性聯想：譬如對方叫汪文彬，而他的個性文質彬彬，則可從個性聯想到姓名。

◆諧音：譬如對方叫程安興，則可用「請安心」來幫助記住他的姓名。

六、傾聽談話

推銷自己的第六個方法是傾聽準客戶談話。美國汽車推銷大王喬・吉拉德（Joe Girard）曾因沒傾聽準客戶的談話而吃了虧，下面就是他的實例。

有一次，一位名人跑來買車，吉拉德了解對方需要後，推薦一款車型給他，那人對車相當滿意，並掏出一萬美元現鈔，眼看生意就要成交了，對方卻突然變卦，掉頭離去。

對方明明很中意那部車，爲何改變主意呢？吉拉德爲此事懊惱萬分，想了一整天也不得要領，到了晚上十一點鐘，他終於忍不住撥電話給那人。

「您好！我是吉拉德，今天下午我曾向您介紹一款新車，眼看您就要買下，卻突然走了。」

「喂！你知道現在是幾點鐘嗎？」

「對不起，我知道現在已經是晚上十一點鐘了，但我檢討了一下午，實在想不出那裡做錯使你改變主意，所以特地打電話向您討教。」

「是眞的嗎？」

「千眞萬確，肺腑之言。」

「很好，你現在用心在聽我說話嗎？」

「全神貫注，非常用心。」

「可是你今天下午根本沒用心聽我說話。就在簽字之前，我提到犬子吉米即將進入密西根大學攻讀醫科，我還提到小犬的學科成績、運動能力以及他將來的抱負，我以他爲榮，可是你毫無反應。」

吉拉德完全不記得對方曾說過這些事，因爲當時他根本沒專心聽。吉拉德認爲生意已經到手了，不但無心聽對方在說什麼，他的耳朵正在聽另一名推銷員講笑話。

從這件事，吉拉德得到兩項寶貴的教訓：

一，傾聽準客戶的談話實在太重要了。由於一時疏忽，沒注意對方談話的內容，沒去認同對方一位非常優秀的兒子，因而觸怒對方，差點失去了一筆生意。

二，推銷產品之前，要先把自己推銷出去。對方進來買一部新車，公司的產品正合他意，可是他沒買，原因出在：雖然他喜歡這部車，但他不喜歡你這個人。

總之，推銷員對準客戶的稱讚、說明、抱怨、駁斥，甚至警告、責難、辱罵，都要仔細傾聽，再做出適當反應，藉以表示關心與重視，如此才能贏得準客戶的好感與善意回報。

七、取得信賴

推銷自己的第七個方法就是取得準客戶的信賴。這也是推銷自己之中最困難也是最重要的一點。

人與人之間的交往，最難得的就是彼此信賴。

不認爲「信賴」是一件困難的事的人，問問自己，如果有一天性命垂危時，能夠托孤的有幾個人？再問問自己，三更半夜突遇困難，你敢半夜去求援，又確定對方不會責怪的，又有幾個人？

俗云：「相交滿天下，知己無幾人。」知己爲何難求呢？因爲彼此了解相知，互相信賴才能成爲知己啊！由此可見彼此信賴是多麼不容易的一件事。

♪　♪　♪

信賴對一個人固然重要，可是對推銷員來說意義更重大。因為準客戶總是對推銷員充滿冷淡、輕視、敵意、懷疑，倘若推銷員不能突破這些障礙，從而取得準客戶信賴的話，絕對不可能獲得訂單。

如果你不相信準客戶會對推銷員表示冷淡、輕視、敵意、懷疑，請反過來想一想：有人向你推銷汽車時，你的心情與反應如何呢？

◆推銷員遞名片給你，你總是愛理不理的。（冷淡）

◆煩死人的推銷員，又來了。（輕視）

◆這個推銷員又來纏我買一些我不要的東西，我一定要設法擺脫他。（敵意）

◆我是想要買一部車，可是他很可能會賣我一部泡水車。（懷疑）

◆縱使他賣我一部沒毛病的車，可是配件齊全嗎？價格是否會偏高呢？還是向熟人小李買吧！（懷疑）

由此可知，一般人對推銷員的敵視與懷疑，乃出於自然的反應。那麼，要怎樣才能消除準客戶的敵視與懷疑，而取得他們的信賴呢？首先必須瞭解「信賴」的特質。

根據心理學家約翰生的研究，信賴包括了下列四種特質：

◆信賴別人是一種選擇：這種選擇對滿足你的需要或完成你的目標，可能有利，也可能有害。所以，可以選擇信賴，也可以選擇不信賴。

◆信賴有風險：信賴之後究竟有利或有害，就得看被信賴者未來的表現而定，因此信賴本身包含著風險。你選擇了信賴，就要承擔風險。

◆利與害的比較：假如信賴之後對你不利，那麼你受到傷害的程度，會比你獲得的利益程度大。

◆信賴的緣故：你之所以信賴別人，甚至願意冒後果可能有害的風險，是因爲你相信他人的行爲會對你有利。

我們在準客戶與推銷員之間套用約翰生的說法，就是關於「信賴」的第四項特質：因爲準客戶相信推銷員的行爲對他有利，所以準客戶才願意冒險去信賴推銷員。因此，推銷員必須針對準客戶的利益（即準客戶所能得到的好處）去推銷，才能取得準客戶的信賴。

一般說來，準客戶最關心的利益包括下列六項：

◆安全：指能使身體免於危險、財產免受損害、精神免遭困擾等。若推銷汽車則強調撞擊意外發生時，車體的安全可靠，以及安全保護措施等。

◆效能：指能提高生產力，譬如：增加產能、提高工作效率、節省能源等，若推銷汽車則強調引擎效能性，每公升的油能跑得更遠等。

◆外觀：指受他人讚賞與認同，提高身份與地位。買高級名貴車的客户都非常重視此點。

◆舒適：指穿起來更貼身、住起來更寧靜、用起來更平順、搭乘起來更便捷等。若推銷汽車則強調開起來更平穩、安靜（聽不到窗外噪音）。

◆經濟：指賺錢與省錢兩大方面。譬如說，在推銷貨車時，馬力大，載貨多，因此賺得更多。

◆耐久：指產品能使用多久，或能提供多久的利益。譬如說，在推銷汽車時，保用十萬公里，或三年保養免費等等。

♪　♪　♪

爲了取得信賴，除了要關心顧客的利益之外，下列三點也很有幫助：

◆守時：與準客戶初次碰面，守時是獲得對方信賴的好方法。守信的第一課就是守時。一個不守時的人，絕對做不到守信；一個不守信的人，又怎能取得準客戶的信賴呢？

◆信守承諾：承諾就好比契約，說出口，一定要做得到。一旦你有承諾而做不到，就如同毀約，準客戶就永遠不再相信你了。當然，若言行一致，一諾千金的話，將逐漸取得準客戶的信賴。

◆勇於認錯：犯錯之後，最好的處理方式就是認錯，最壞的處理方式是掩飾。若用新的錯誤來掩飾前一個錯誤，那將會一錯再錯；若勇於認錯，請求處罰或原諒，對方非但不會怪罪，反而會對認錯者產生坦白、誠實的好印象。因此推銷員的勇於認錯反而較易取得準客戶的信賴。

堅忍

第六章

怎樣尋找準客戶

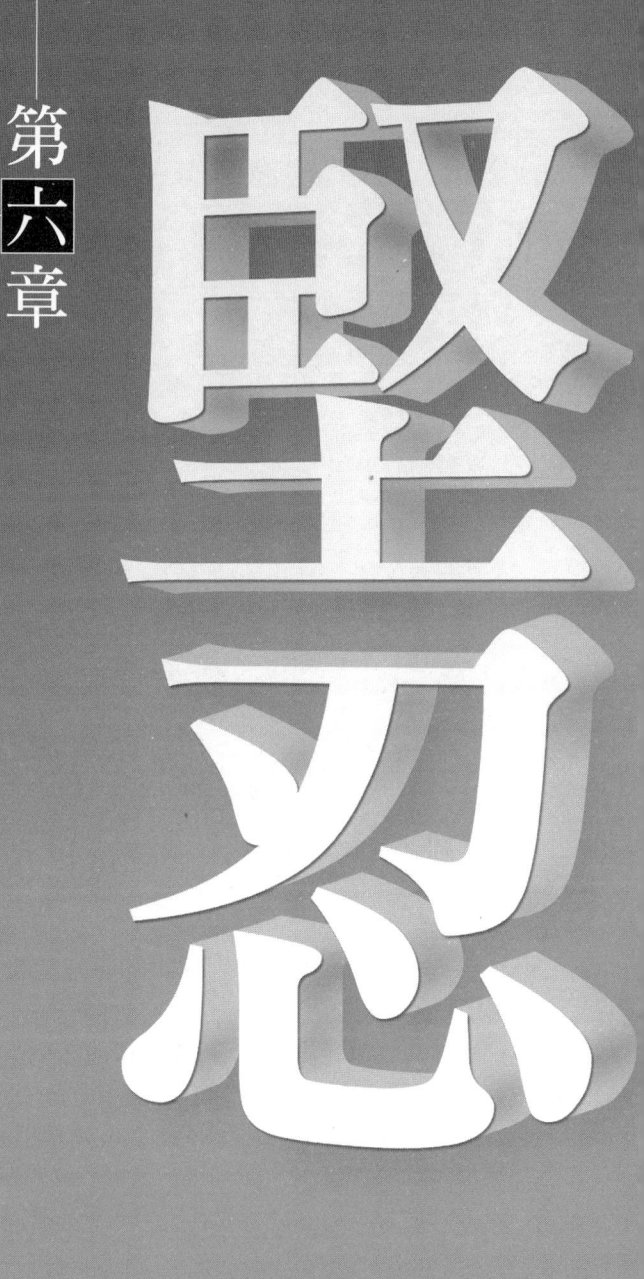

投身推銷行列之後，首先遭遇的問題就是：客戶在哪裡呢？客戶不可能憑空從天上掉下來，得靠自己去尋找。

有一則發人深省的小故事。

♪　♪　♪

有個推銷新手工作一段時間後，因爲找不到客戶，自認爲做不下去，所以向業務經理遞辭呈。

經理問他：「你爲什麼要辭職呢？」

他坦白答道：「我找不到客戶，業績很差，只好辭職。」

經理把他拉到面對大街的窗戶前，指著大街問他說：「你看到什麼？」

「人啊！」推銷員答道。

「除了人之外呢？」

「除了人之外，還有數不清的車子啊！」

「你再仔細看一看。」

「還是一大堆的人啊！」

「在人群之中，難道你沒有看出許多的潛在客戶嗎？」

推銷員恍然大悟，收回辭呈，感謝經理的指點，衝入人群中努力去尋找客戶。

這則故事告訴我們：客戶來自準客戶，而準客戶滿街都是，問題是怎樣找出來呢？要尋找準客戶，得先弄清楚什麼是「準客戶」。

一、準客戶的三個要件

所謂準客戶，就是指可能購買的消費者，可是，並非人人都是可能購買的客戶，必須具備下列三個要件，才有資格被稱爲準客戶。

有錢

準客戶第一個要件是付款的能力，一個沒有錢的人，就是很想買東西，也買不起，沒資格成爲準客戶。

有權

除了要有錢之外，還要有決定權。就產品的購買過程去觀察，決定者、購買者、使用者、影響決定者是誰。這四者常常並非同一個人。以購買手機爲例，爸爸可能是決定者，媽媽是購買者，兒子是使用者，祖父卻可能是影響決定的人。

有需要

推銷並非在販賣產品或服務，而是在販賣產品或服務所能提供的需要。如果對方沒有需要，即使他有錢又有決定權，一切仍然徒勞無功。

上述三個準客戶的要件中，奧城最重視第二項，即有決定權與影響決定權的人。

♪　♪　♪

有一次，奧城陪一個推銷員到一家頗具規模的食品店，店老闆四十來歲，看起來推銷員已經來過好幾次，跟老闆很熟的模樣。店東曾表示有意選購一部日產汽車，可是不知何故一直沒簽下訂單。奧城在店裡轉了一圈，立刻發現問題出在老闆旁邊一位八十多歲的老母親身上。

推銷員一直集中火力在老闆身上，忽略了那位乾癟的老太婆，沒想到她才是影響決定的人。推銷員從未向她打招呼，更談不上噓寒問暖，此舉非但引起老太太的不悅，也使得豐田汽車的推銷員有機會乘虛而入。

豐田的推銷員每次拜訪食品店，對老太太謙恭有禮，道早問好，很得老太太的歡心，於是她主動對兒子店老闆說：「如果你要買車的話，一定要豐田的。」

按照店老闆的意思，他是想買日產的車子，但對母親的指示也不敢違逆，因此買車的事就拖延下來。

最後，還是母親說服了兒子。

店老闆說：「家母年事已高，來日不多，應順從老人家的意思，盡一點爲人子的孝心吧！」

「盡孝心」這個冠冕堂皇的理由，就使得日產推銷員輸掉這次的推銷競爭，他若是眼睛放亮一點，除了重視有決定權的店老闆之外，也關懷一下有影響決定權的老太太的話，煮熟的鴨子就不會飛掉了。

♪　♪　♪

向個人推銷時如此，向公司團體推銷時也有相同的情況，有決定權的人往往不只一人，推銷員要抽絲剝繭找出那些有權做決定的人。

以奧城的實際經驗爲例，他在訪問大公司，發現有買車的可能，而事情又進展到成熟階段時，他必定去找負責採購的人，旁敲側擊，深入打探消息。假設田中課長是採購經辦人。

「承蒙您的關照，感謝萬分。請問買車這件事，除了田中課長之外，還有誰經辦這件事呢？」

「除了田中課長之外」此種問法以示對其尊重，若用「眞正決定的人是誰」會傷其自尊心。

對方可能回答：「還有伊藤經理。」

奧城再問：「除了田中課長與伊藤經理，還有幾位吧！」

這是在調查有決定權的人，以防日後栽在其中任何一位手上。

「啊！中川副總經理也是決策者。」

「原來如此，那麼本田總經理也參與討論嗎？」

「哦，不！總經理不管這件事，買車的事由我、伊藤經理、中川副總經理三人決定的。」

就這樣，幕後的藏鏡人就一一顯現了。

♪　♪　♪

奧城在向個人推銷時，爲了避免閃失，怕得罪影響決定權的人，常常會問：

「您就選擇這個車型嗎？要不要請夫人來看一看呢？」

「不用啦！車子都我在開，我決定就行啦。」

或者是：

「你就挑選深藍色嗎？要不要請令尊夫人來參考一下呢？」

「也好。」

如此這般，一定要問得清清楚楚，確定沒有忽略掉影響決定的人。

二、尋找準客戶的原則與技巧

尋找準客戶，除了認知準客戶的三要件之外，還必須掌握下列的原則與技巧。

原則：隨時隨地尋找準客戶

推銷員想要創造出好業績，必須養成隨時隨地尋找準客戶的習慣。通常參加各種社交活動就是尋找準客戶的好時機，譬如：餐會、酒會、舞會、喜宴、喪禮等。

奧城很早就養成這樣的習慣：每當他開車在路上看到一些老舊的汽車，立刻用嘴巴大聲唸出對方的車牌號碼，讓身旁的錄音機錄下，因爲這些都是有可能會汰舊換新的準客戶。

回到公司後，再透過監理單位的查詢與追蹤，確實掌握準客戶的詳細資料後，再登門拜訪。這些準客戶的資料齊全，再加上事前的過濾，成交的機率較高。

請注意，奧城此舉瞄準的是前述準客戶三要件之中的「有需要」，那些中古老舊車的主人，正是最有需要換車的人。

技巧：三年十萬家的直衝訪問

奧城之所以能在短短的五年內，以每個月平均賣出三十部車，榮登日產汽車的冠軍寶座，並連續十六年維持冠軍，完全建立在最初三年每天訪問一百家，即三年直衝訪問十萬家的堅實基礎上。

每天拜訪一百家，一個月三千家，一年三千六百五十家，三年十萬零九百五十家，說起來簡單，做起來困難重重。奧城爲了克服困難，達成三年十萬的目標，就用下列三種方式來管理自己。

♪ ♬ ♪

1.用數字與圖表自我管理

推銷工作最怕三天打魚兩天曬網，爲了防止自己偷懶，奧城把所有訪問活動，都用數字與圖表詳細標明出來，譬如說：

◆每天訪問幾家，待訪有幾家，寫信連絡有幾家等等，都一一記錄並用曲線圖標示清楚。

◆按月設定目標額與工作量，再平均分攤到每一天去，然後盡全力去完成每天的工作量。

◆此套制度的設計著重在每天行程的安排與實踐，基本上不考慮其結果。

另外，爲了確保每天拜訪一百家的目標，奧城在日記簿上方畫了二十個方格，每當訪問完五家，便在一個方格內塡上一個「正」字，塡滿二十格就是一百家。每天塡不滿二十格便不回家，如此一來，光爲了塡滿格子就忙碌不堪，完全沒有偷懶的時間了。

演變到後來，成爲不是爲推銷而塡格子，而是爲塡格子而推銷了。換言之，就是對拜訪家數的挑戰，譬如說，五小時內必須拜訪一百家，那麼一小時內就得拜訪二十家，每一家的時間（包括移動更換的時間）只有三分鐘。

三年的時間很漫長，可是切割到三分鐘就很短暫，每家三分鐘的行動變得緊湊而愉快，愈跑愈來勁。當然，奧城爲了好好把握寶貴的三分鐘，另外設計了一套有效的三分鐘推銷話術。

♪ ♪ ♪

2.紮紮實實的一百家

奧城在剛開始實行每天一百家行動計畫之時，常會因達不到目標找一些理由來原諒自己，譬如說：

- ◆白天爲了交車忙碌。
- ◆爲了提供老客户的售後服務。
- ◆風雨太大。
- ◆身體不適，如感冒、頭痛等等。

在各色各樣的藉口之下，一百家老是被七折八扣，成績不太理想，眼看苦心設計的目標與計畫就要毀於一旦。

好在奧城很快就醒悟過來，他對自己說：「這是紮紮實實絕不容打折扣的一百家，即使有再重要的事，也要以拜訪一百家爲優先，沒拜訪完絕不回家。如果爲了交車或售後服務整天忙碌，晚上仍然要去拜訪，絕不允許有任何例外。」

有這種覺悟之後，若是白天因故所欠缺家數，必定在晚上補足。奧城總是在吃過晚餐，就沿著商店街展開拜訪，到了九點半後，商店先後打烊，他就轉到娛樂區，探訪咖啡廳、酒吧、柏青哥店、小吃店等，凡是沒有休息的場所，他都闖進去訪問。

深夜十二點以後，連娛樂場所的商家也陸續打烊，路上黑漆漆一片，這時還欠十家怎麼辦呢？別怕，派出所、警察局、工廠守衛等都是拜訪的對象。奧城又尋找了十家，確實完成一百家之後才回去休息。

♪ ♪ ♪

3. 欠債還錢制度

白天有事無法完成一百家訪問，晚上來設法補足。可是若因工作需要到外地出差的話，要怎麼辦呢？奧城把它那一百家當做欠債，必須設法償還。

我們若向銀行錯錢，必須在限期內償還本金與利息，奧城認爲，對因出差所積欠的一百家也要抱持相同的償還想法。所以，他偶而會碰下因出差而必須一天拜訪兩百家的情形。

有一次，爲了完成兩百家的任務，奧城上午八點就準時出訪，到了下午二點多，他騎著腳踏車奔波於炙熱的柏油路上，嘴裡喃喃數著一八四、一八五、一八六……再有十四家就完工了。可能是太過疲勞之故，奧城突然感到腳下千斤重，頭暈目眩，眼前一陣黑，就摔倒在馬路邊。

奧城說：「當我陷入人生最低潮想要自殺時，曾立誓要傾全力向自己體能做最大的挑戰，如今我用盡力氣，昏倒在路旁，總算達成我的誓言。」

所幸奧城年輕力壯，雖然摔倒，並無大礙，休息一會兒後，體力就恢復，又繼續下去。

從老客戶與助銷員找到準客戶

奧城除了用上述硬碰硬每天一百家的方式取得準客戶之外，他還從美國汽車推銷大王吉拉德（保持一天賣出十八部、一個月賣出一七四部、一年賣出一四二五部金氏紀錄）身上學到從老客戶與助銷員兩處找到準客戶的方法和態度。

♪ ♪ ♪

所有的推銷好手都知道，**老客戶是尋找準客戶最好的來源**。

開發新客戶就像墾荒，費時費力，事倍功半；與老客戶接觸，好比在設施完善的農場上耕耘，駕輕就熟，事半功倍。老客戶不但會重覆購買，而且可能介紹許多的準客戶，他的一句話，往往勝過推銷員的十句話，威力無比。

喬・吉拉德六成的業績來自老客戶與老客戶所介紹的新客戶。爲什麼老客戶會重覆向他購買，爲什麼老客戶會主動介紹新客戶給他呢？主要因爲他那無懈可擊的售後服務。

一般汽車推銷員在生意成交之後，就不再跟客戶聯繫了，所謂「售後服務」只是說說空話罷了。然而喬堅信推銷從售後才開始，因此在生意做成之後，他一定會有下列三個動作：

♪ ♪ ♪

1.寫感謝函。在客戶簽字尚未走出店門，吉拉德就已經請兒子備妥「銘謝惠顧」的短函。而且此後每個月，這個客戶都會收到一封用不同形式、顏色的信封所裝的問候卡（這樣才不會被人當作垃圾信件丟掉）。

卡片內容也是煞費心思，通常他會用「我喜歡您」起頭，至於內容則依時令而定，一月「祝您新年快樂」，二月「美國國父誕辰紀念日快樂」（二月二十二日是美國國父喬治・華盛頓的生日）等等。吉拉德每個月至少要寄出一萬三千張卡片。

♪ ♪ ♪

2.維修服務。即使是新車，難免有些小毛病，吉拉德一定會把這些小毛病處理到讓客戶滿意爲止。

假如新車發生嚴重的問題，吉拉德會跟客戶攜手對付經銷商、技工與車廠，一直到問題車處理得比新車還棒爲止。

吉拉德說：「與客戶站在同一陣線好處多多。他不但會變成你的朋友，而且會介紹生意給你。」

♪ ♪ ♪

3.保持聯繫。即使交車後一切順利，客戶沒有任何抱怨，吉拉德除了按月寄感謝函之外，也會主動跟客戶保持聯繫。他會打電話告訴客戶，萬一車子有任何問題，馬上開來找他。

♪ ♪ ♪

另外，最重要的，他會問客戶是否有熟人要買車子，如果介紹一個新客戶給他，他會付二十五美元致謝金。

助銷員就是推銷員的線民，隨時隨地打探消息，只要發現準客戶，立刻通知推銷員，成交之後，再支付助銷員固定的佣金。

吉拉德可能是最懂得利用助銷員來取得準客戶的汽車推銷員。

推銷員都知道助銷員的功用，許多汽車推銷員都會聘請汽車保養廠的師傅與高級俱樂部的服務生爲助銷員，吉拉德當然也會，然而他延攬的範圍更廣；不論銀行貸款員、意外險承辦人員、拖車服務業、車身擠壓廠、或是醫師、牧師、警察、消防隊員、理髮師、按摩師、郵差等，都是他的助銷員。

另一件重要的事，每一位已經向他買車的客戶都是他的助銷員。換言之，客戶只要介紹生意給吉拉德，就有佣金可拿。

決定佣金的數目是門學問。給少了，不痛不癢，發揮不了作用；給多了，成本太高，吉拉德付不起。經過再三的思量，他決定金額爲二十五美元（折合當時台幣爲一千元）。事後證明二十五美元是一個美妙的數目，能夠打動人心，促使許多人樂於幫助他，提供他源源不斷的準客戶。

還有，吉拉德付佣金非常迅速、爽快，絕不拖泥帶水，只要簽下訂單，二十五美元立刻奉上。

一九七六年，也就是賣出一，四二五部汽車，破世界紀錄那一年，吉拉德一共付出一萬四千美元的佣金。換言之，因助銷員的介紹，完成五六〇筆生意，約佔該年四成的業績。

堅忍

第七章 跟時間賽跑

有句話說：「贏得時間者，取得萬物。」

上蒼給每一個人最公平的東西就是時間，人人每天都有二十四小時，要能充份把握這二十四小時，並有效支配這二十四小時，才能獲得最終的勝利。

奧城根據長期觀察發現，「浪費時間」與「藉故偷懶」是推銷員的兩大致命傷，若不能克服這兩大問題，找出因應之道，就像在慢性自殺，很難改變現狀。

又有人說：「時間就是金錢。」更有人說：「時間就是生命。」由此可見時間的寶貴。奧城從二十多年的推銷生涯中，體悟出下列八個節省時間的妙方。

一、計算出自己的時間價值

奧城建議每位推銷員：要計算出自己每一小時的時間價值。一旦算出每小時的價值，產生「時間成本」的意識之後，推銷員才能建立起惜秒如惜金的嚴謹態度。

以年收入一百二十萬日幣的推銷員來說，試算其每小時的價值如下：

一年爲三百六十五天，扣除星期例假，假定還剩三百個工作天，一天以工作八小時計算，一年的工作總時數達兩千四百小時。如果薪資爲一百二十萬日幣，除以兩千四百小時，得出五百日幣，即年收入一百二十萬日幣推銷員的每小時價值爲五百日幣。

同理，可計算出年收入兩百四十萬日幣推銷員的每小時價值爲一千日幣，年收入三百萬日幣推銷員的每小時價值爲一千二百五十日幣，以此類推。

以奧城的情況來說，剛出道每小時價值大約在兩百至三百日幣，爾後增加至每小時一千至兩千日幣，幾年後增加至每小時四千至六千日幣，最後躍昇到每小時八千至一萬日幣。

奧城在年收入達一百二十萬日幣時，每天就像唸經似地喃喃告誡自己：「浪費一小時五百日幣，十分鐘八十日元，五分鐘四十元。」

以一個年收入兩百四十萬日幣的推銷員爲例，假如他花一百五十日幣在咖啡廳消磨兩小時，以爲相當划算，那是嚴重的錯誤。他忘記把自己每小時一千日幣的時間成本算進去，因此事實上偷懶兩小時就損失二千日幣，不僅如此，倘若把這兩小時用於推銷，便可賺進兩千日幣，這麼一來回，泡兩小時喝咖啡所浪費的金錢不是一百五十，而是四千一百五十日幣了。

二、珍惜三、五分鐘的時間

「什麼！連三、五分鐘也要當寶貝般珍惜，這未免太小題大做了吧！」

「什麼！連三、五分鐘也要盯得緊緊的，那豈非連喘息的空間都沒了，這樣的人生未免太緊張乏味了吧！」

奧城在其所開的推銷員講習班，嚴格要求學員要注意三、五分鐘的零碎時間，許多學員作出上述的反應。

爲了讓學員們知道零碎時間的重要，奧城在推銷訓練課堂上說：「現在稍微休息一下，因時間緊湊，想要吸菸，請吸完菸立刻回到教室。」奧城按錶計時，學員們離開教室抽完一根菸再回來的時間大約七至八分鐘。

奧城表示，保守估計抽一根菸花費五分鐘，菸癮大的人一天可抽到四十支（兩包），若以保守估計爲二十支（一包），那麼一天就要花一百分鐘在抽菸上，一年要花五百小時在抽菸（一百分乘以三百工作天），亦即浪費掉六十二點五工作天（五百小時除以八小時）。換言之，不抽菸者會領先抽菸者二個多月的業績。

單單是抽菸這件小事，一年就要浪費掉二個多月，其他因爲「藉故偷懶」與「工作散漫」所浪費掉的時間將更爲嚴重。長期累計下來，所浪費的不只是兩個月，而是兩年，甚至二十年。

奧城說：「別小看那短短的三、五分鐘，在推銷員的競爭中，都是致勝的關鍵。從這個觀點來說，三、五分鐘其實是相當長的時間。」

三、錄音設備讀書法

利用錄音設備來讀書，是省時的利器。因爲一邊用耳朵聽，一邊還可做其他的事（譬如：慢跑、開車、用餐等），一舉兩得。

（一）奧城如何錄製錄音帶

奧城先備妥數台錄音機與大量的空白錄音帶，並找到講話字正腔圓的人。他是聘請三位大學的工讀生與妻子幫忙，把奧城事前選好的書逐字逐句錄下來。錄一本書需要約七小時，一個月大約可錄十至十五本書。

蒐購市面上的有聲書，只要奧城認爲有價值的，立即購買。

有價值的演講會與座談會，奧城因故不能出席，就請人代爲出席並錄下全部內容。

把電視與電台所播放有關政治、經濟、經營管理、新聞分析等有益節目，全部錄下。

奧城與各行各業成功者的談話，如果獲得對方認可，也會全部錄下。

自己突然想起什麼好點子，立刻錄下。

（二）奧城聽錄音帶的時機：

早晨起床穿衣、盥洗、如廁等時刻，約有三十分鐘。

用早餐時刻。對奧城來說，早餐並非闔家聊天時刻，餐桌可擺錄音機收聽。

上下班開車的時候。奧城的車內就像一座錄音圖書館，裡面擺放著數百卷錄音帶。

在公司裡整理客戶的資料，不需用腦時，即可用耳機聽，不會干擾到同事。

出席冗長枯燥的會議，可帶著小耳機聽。

散步或外出購物時。

理髮時。

搭乘電車、汽車、飛機時，包括候車與候機時刻。

看電視時。奧城不愛看連續劇，只愛看摔角與拳擊等節目。在觀賞這些節目時，他就把聲音關掉，收聽自己錄製的錄音帶。

在洗澡時，只要把浴室的門窗打開兩公分，錄音機的聲音就可從門縫清晰地傳過來。

晚上入睡前，躺著用耳機聽，伴隨入睡。

♪　♪　♪

用上述的十一種方式來聽錄音帶，奧城一個月即可「讀」完十至十五本的書。

錄音帶讀書法能否實施成功，關鍵在於能否養成習慣。奧城剛開始用此方法聽了兩小時後，頭昏眼花，十分厭煩。後來突破開始三個月的瓶頸期，一旦習以爲常，就成爲一種享受，沒有錄音帶反而無法過日子。

四、一心五用省時法

奧城一心五用的靈感來自日本古代的聖德太子。據說，這位太子日理萬機，忙碌不堪，爲了充分利用時間，乃發揮一心七用的本領，一個人同時做七件事情，令人嘆爲觀止。

奧城無法如聖德般一心七用，但他能一心五用——同時處理五件事，下面是他實際運用的情況。

同時處理之一：清晨疾走一小時

奧城每天清晨五點起床，簡單梳洗之後，疾走一小時，使身體流汗，從不間斷。

爲什麼奧城要這麼做呢？通常一般人平均可以工作到六十歲，倘若年輕時天天運動，注意健康，則可工作到七十五歲，等於賺到十五年的時間。而晚年時一年的價值可抵年輕的五倍，因此，賺進的十五年再乘以五，則是賺進了七十五年。

一般人從二十三歲工作到六十歲，達三十七年，若晚年工作到七十五歲，賺進七十五年時間，就比年輕時多出二倍工作時間。

經過上述的分述，奧城認爲，年輕時每天一小時的疾走運動，是非常划算的投資。

同時處理之二：疾走＋聽錄音帶

每天清晨疾走時，空氣清新，腦袋清醒，也是讀書的好時間。奧城一邊走，一邊用耳機收聽事前錄好的錄音帶，一心二用，同時做兩件事。

同時處理之三：疾走＋聽錄音帶＋投遞宣傳冊

奧城在每天清晨的疾走路線中，安插十五至二十位準客戶的拜訪，但他並非眞正要按鈴拜訪（清晨大家仍在睡夢中），而是用投遞各色各樣的宣傳資料來代替。

他平時就備妥準客戶喜愛的文宣品，諸如：最新汽車目錄、交通號誌一覽表、交通法規、交通事故處理準則、汽車簡易保養、汽車保養順序圖等。奧城趁疾走之便，把上述的宣傳冊子投入準客戶的信箱中。

大清早，準客戶從信箱中發現郵件，心想：「今天郵差來得眞早啊！

昨晚信箱還空空的，一大早就有信啦！讓我看看是誰的來信。」

當準客戶打開信件時，一定留下了深刻的印象。

同時處理之四：疾走＋聽錄音帶＋投遞宣傳冊＋發大名片

奧城特地印製比平常稍大的名片，正面有公司名稱、地址、電話、背面寫著「購買新車，正是時候，需要服務，請找奧城」的字。

他趁每天疾走之便，把大名片夾在停放於路旁汽車的雨刷上。他每天一小時可散發一百至一百五十張左右，一年可發到三萬六千張以上。

同時處理之五：疾走＋聽錄音帶＋投遞宣傳冊＋發大名片＋自我鍛鍊

如前所述，奧城每天清晨五點起床，這要長久持續，誠非易事。特別是寒冬的清晨，冷風刺骨，要從暖和的被窩裡爬起來，是有一番掙扎。

「應該繼續睡呢？還是該起床呢？」

「連早上五點起床這麼簡單的事都做不到的話，如何奢談戰勝其他推銷高手呢？」

「業績一直是營業所最高，深受公司器重，亦為許多客戶所照顧，高收入，享受富裕生活。這麼一來，最容易自滿，月盈則虧，人一旦自滿就是衰敗的開始。」

想到這裡，奧城連忙掀開電毯，一躍而起。就這個樣子，每天清晨五點，不斷挑戰容易陷於怠惰與懦弱的自我。

五、事事縮短四分之一的時間

除了錄音機之外，奧城非常喜愛計時錶，因為它在節省時間方面發揮很大的功效。

在做每件事情開始時，他就按下計時錶，到事情做完，看看花了多少時間，然後下一次以縮短四分之一的時間為追求目標。舉例來說，吃飯原需二十分鐘，縮短四分之一（即五分鐘），改爲十五分鐘；抽一根菸，由原來四分鐘縮短爲三分鐘（四分鐘的四分之一爲一分鐘）；洗澡，由原來十六分鐘縮短爲十二分鐘（十六分鐘的四分之一爲四分鐘）；睡覺，由原來的八小時縮短爲六小時（八小時的四分之一爲二小時）。

因爲做任何事情都縮短四分之一的時間，每天二十四小時下來，便可節省下六小時，一年三百六十五天便可省下二千一百九十小時，這個數字相當於一個上班族全年的工作時間！

♪　♪　♪

奧城因爲事事縮短四分之一的時間，所以他的一年就相當於別人的兩年，每天比一般人多出約一倍的工作時間。

爲了節省時間，奧城在公司內經常飛奔快走，上樓也是一跨兩三個階梯，使得錯身而過的女職員脫口批評道：「聽說一流推銷員都是面帶笑容，慢條斯理，像奧城整天衝上衝下，慌慌張張，想不到還有那麼高的業績。」

其實那是奧城在公司爲求效率顯現急促的一面，他在客戶面前仍是不徐不急，從容不迫。

六、嚴禁久坐長談

「我爲了跟客戶建立更親密的關係，和他聊了將近兩個鐘頭。」我們常常聽到推銷員這麼說。

客戶喜歡你耗在他那邊長舌嗎？久坐長談眞的能增進感情嗎？奧城認爲，這個問題很値得商榷。

其實推銷員只要設身處地，換個立場想想，答案就很清楚了。每當你工作正忙碌或想要放鬆休息時，突然出現一個喜歡長篇大論的訪客，請問你有什麼感覺呢？很不耐煩吧！

有句話說得妙：「客人，最受歡迎是告辭離去那一刻。」再怎麼親密的朋友，久坐亦不適宜，何況開口閉口叫人買車的推銷員，久坐只會惹人嫌。

由此可知，久坐長談非但不能增進感情，反而會破壞友誼。那麼，爲什麼推銷員會在客戶處流連忘返，久坐不走呢？奧城認爲，這是推銷員懶惰的惡習在作祟，故意在商談融洽的客戶處逗留不走，美其名爲培養人際關係，其實是一種變相的偷懶——多坐一會兒，多談一會兒，就可免受多跑幾家準客戶之苦。

♪　♪　♪

另外，推銷員在拜訪準客戶時，特別要留意歡迎你的下列三種人：

◆親切無所事事的人。

◆喜愛高談闊論的人。
◆寂寞無聊正想找人講話的人。

這三種人大都沒有購買力與決定權，他們希望推銷員坐下來聊聊，不是想買汽車，而是因爲他們正缺一個傾訴的對象。

奧城稱這些人爲虛幻的準客戶，他說：「這些歡迎你的人可能比拒絕你的人還要可怕，推銷員每天訪問一個這類的人，就浪費一天的時間，遇到二十五個就浪費一個月的時間，遇到三百個就浪費一年的時間。」

♪　♪　♪

奧城深知久坐長談，一則惹人嫌，再則減少訪問客戶數，是雙重損失，因此他設計一套五至十分鐘的推銷談話術，並帶著計時錶拜訪準客戶。

「預計在這裡，逼留五分鐘。」

「這個準客戶要解說新車性能，預計十分鐘。」

他就是用這種方式，訓練自己長話短說，使自己在最短的時間內說出最有效率的話。

七、充分利用「等待」的時刻

推銷員在訪問公司行號時，最常碰到所要拜訪的人正忙碌著，必須等候十至二十分鐘。這時，一般的推銷員就坐著乾等，然而奧城就懂得充分利用這一段「等待」的時候，從事下列的事情：

◆若有老客户在同一棟大樓裡，可利用一、二十分鐘，順便問候一下，說不定可以發現若干準客户。

◆利用附近的公共電話做推銷，或是約見準客户（今天，我們可以用手機，更方便）。

◆整理事先帶在身邊的客户資料卡，思考可能的潛在客户。
◆準備下一位準客户的談話内容。
◆擬訂其他準客户的訪問計畫。
◆與董事長或總經理的秘書閒話家常，攀攀交情。
◆從公司的公告欄、櫃台人員、董事長（或總經理）的司機等，蒐集公司的情報。（要自然點、不露痕跡）
◆向公司内其他的職員推銷。
◆思考新點子。
◆反省自己的推銷術。

八、別陷入家庭的溫柔鄉

奧城指出，推銷員要功成名就，絕對沒有一天僅工作八個小時這種好事，必須下班回到家之後，繼續工作三至四個小時，即使星期天例假日也不例外。

他每天下班回家，走進玄關即按下計時錶，從打開房門、換衣服、與小孩嬉戲、吃晚飯、與家人團聚等全部計算在內，限定一個半小時。

當奧城進入客廳，六歲的女兒主動依偎過來，他便依慣例說：「十分鐘。」

孩子早已習慣玩十分鐘的限制，玩耍時盡性地玩，只要時間一到，立刻停止，亦不吵鬧。

接下來的用餐時間與飯後的三十分鐘，是全家團聚的時刻。這時，奧城一邊與妻子話家常，一邊會練毛筆書法或鋼筆習字。

只要一個半小時一到，他立刻走進書房，帶上鎖，開始晚上的工作。

爲什麼要上鎖呢？因爲他怕孩子會跑進來妨礙工作。

有一次，奧城在書房工作時，聽到門外有輕微的聲響，他透過鑰匙孔往外查看，瞧見一顆烏溜溜的眼珠子，原來是妻子帶著孩子在門口窺視，顯示他們多麼渴望與爸爸聚在一塊。

奧城說：「我含著眼淚，硬下心腸，斬斷這親情的羈絆，因爲外面是殘酷無情、競爭慘烈的世界，稍一鬆懈就會被淘汰出局。」

♪　♪　♪

推銷員白天在外奔波一天，夜晚回到家中，要警惕自己不能陷入家庭的溫柔鄉中，但亦不可因此忽略了家庭的天倫之樂。

♪　♪　♪

以奧城爲例，他每天除了抽空陪孩子玩耍之時，也經常主動稱讚妻子。

「老婆，吃妳煮的咖哩飯，有種幸福的感覺。」

「妳這盆花插得眞雅緻。」

「妳永遠都是那麼溫柔、親切，我再怎麼累，一回到家裡，立刻倦意全消。」

妻子聽到這些貼心的話，用更甜美的笑容與熱誠的服務回報他。

♪ ♪ ♪

透過這幾種妙方，奧城提升了工作效率。同樣是一天二十四小時，但是奧城比一般人吸收了更多資訊，處理了更多事務，簽下了更多訂單。

堅忍

結語

奧城良治曾是一個想用自殺來逃避現實生活的失敗者，卻奇蹟般的從死亡邊緣逃過一劫；第二年，平均每月賣出十五部車；第三年，每月賣出二十部車；第五年，每月賣出三十部車；之後的連續十六年，長踞日產汽車銷售冠軍的寶座。在這些改變的背後，最關鍵的是觀念的轉變。而觀念的轉變竟然是從包括田邊的青蛙身上得來的各種啓示。從各種人、事、物學來的一課，成了奧城打開成功之門的鑰匙。

♪　♪　♪

如果說，人生就是不斷地向周圍的人——上司、同事、家人、朋友——推銷自己，那麼在這個自我行銷的過程中，我們都會遭遇到各種的挫折。上司的苛責、家人的不理解、朋友的背叛，面對種種的傷害和侮辱，如何像那隻青蛙一樣，勇敢地正視眞實，並且用自省與寬容來化解怨恨，是每一個人，也是人生的每個階段，都必須不斷修習的重要課題。

如果能像奧城那樣，面對挫敗、面對拒絕，依然不氣餒、不輕言放棄，堅忍不拔，勇敢地朝自己的人生目標邁進，相信願景總有實現的一天。

但願各位讀者也從奧城的做法中獲得啓發、靈感與勇氣，邁向成功！

跋

堅定初志，忍人所不能忍

三十我喜歡寫中外企業家（包括經營者與推銷員）的故事，特別是遭遇挫折、有血有淚，能觸摸到他們心靈深處的動人故事。基於此，二十幾年來，我前後寫出王永慶（台灣經營之神）、松下幸之助（日本經營之神）、趙耀東（中鋼首任董事長）、原一平（日本推銷之神）、尾上忠史（日本推銷之魂）等人的傳記。

本書《堅忍》最迷人之處，在於傳主從自殺邊緣到立志奮起，如何跨過鬼門關，重新出發，努力不懈，到最後大獲成功，其關鍵正是本書書名所揭櫫的堅忍——堅定初志，忍人所不能忍——這兩個字。

坦白說，推銷高手收入豐厚，媲美企業界董事長，其跨入門檻低，通常沒年齡限制，不需特別學經歷，又不需投資一分錢，可是爲什麼進入這個行業的人，九成以上都待不下去呢？

推銷這個行業，有個可怕的天敵叫做「拒絕」，大多數的人都無法克服與忍耐每天在推銷過程中所遭受的拒絕。

推銷界有句名言：「拒絕是推銷的開始。」話是沒錯，然而在活生生的推銷工作，每天要面對上百次的拒絕之後，仍能心平氣和，面不改色，而且精神抖擻幹下去的，絕非常人。

本書傳主奧城良治如同筆者在自序中所言，剛開始也忍受不了太多的拒絕，被壓得喘不過氣來，難過得要去自殺，後來自創的挨打哲學、青蛙法則、因果法則有效克服了拒絕，這其中轉折經過，發人深省，精采萬分，值得所有推銷員來欣賞與學習。

郭泰

二〇〇七年十一月八日於半張

國家圖書館出版品預行編目資料

堅忍：推銷之王奧城良治奮鬥史／郭泰著. -- 初版.
-- 臺北市：遠流, 2007.12
面； 公分 . --（實戰智庫. 企業名人堂；6）

ISBN 978-957-32-6194-0（平裝）

1. 銷售 2. 成功法

496.5 96021280